JN242822

星と宇宙★クイズ図鑑

監修・写真
藤井旭
Akira Fujii

絵
西山アユミ
Ayumi Nishiyama

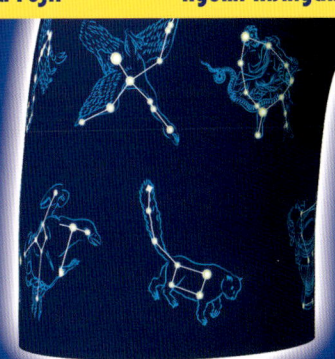

あかね書房

星と宇宙

宇宙まで旅ができる人はごくわずか。でも、だれでも空を見上げて星を見ることができますし、宇宙について想像をすることもできます。興味のもち方は人それぞれ。科学的なことを研究したいと思う人もいれば、星座にまつわる物語にふれてロマンティックな気持ちになる人もいるでしょう。

宇宙はあまりに広く、たくさんの天体がありますので、一さつの本で全てを紹介することはできません。それに、宇宙や星については、まだわかっていないこともたくさんあるのです。かぎりない可能性を秘めているのが天文学です。2015 年 7 月には、惑星探査機ニュー・ホライズンが 9 年半もの時間をかけて冥王星に近づくことに成功しました。そして、冥王星の情報や写真を送ってきたのです。たくさんの人の熱意や努力で、これからも新しい発見をしたり、謎を解明していったりすることでしょう。

この本で基本的な情報を学んで興味をもったら、実際に天体観測をしてみましょう。もしかしたら、将来、宇宙飛行士になって宇宙に行く人もいるかもしれませんね。

もくじ

〈この本について〉
★ この本に掲載している情報は、2015年7月末現在のものです。

宇宙のふしぎをさぐろう

宇宙って、なんでしょう。
そこではさまざまなものが
光りかがやいています。
そんな天体たちを
地上から観察をすれば、
はるかかなたにある
星や宇宙について
知ることができます。

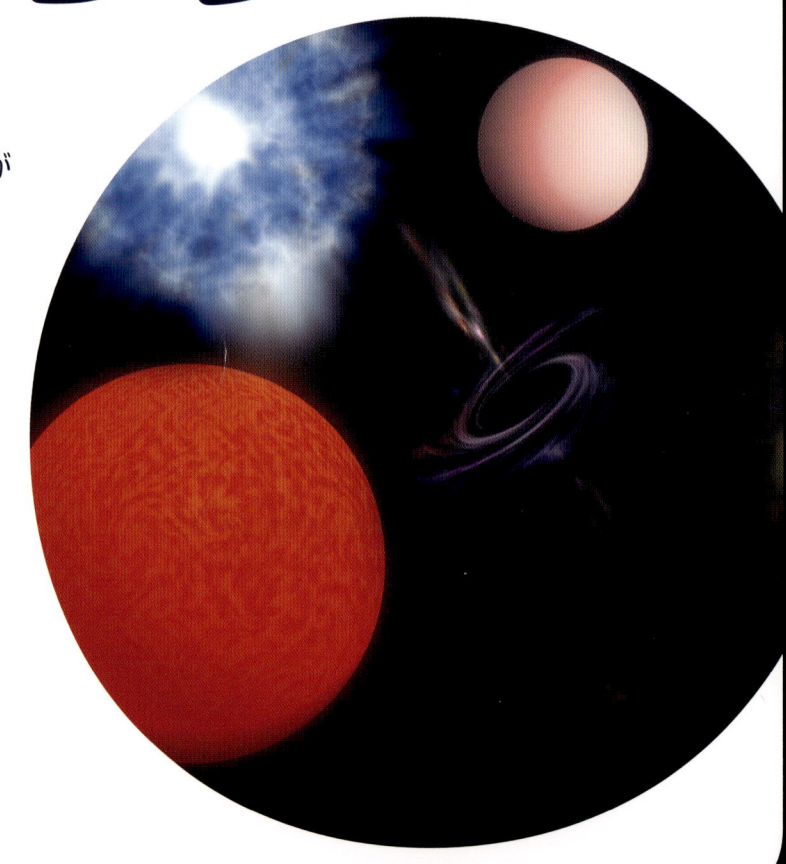

宇宙のはじまり

空の上のどこからが宇宙かというはっきりした境はありません。一般的には地表から100キロメートルほど上、空気がほとんどなくなるところからむこうを宇宙としています。
138億万年くらい前に、目に見えないくらい小さな物体が大爆発をおこし、ぐんぐんと広がっていったと考えられています。これが「ビッグバン」とよばれる、宇宙のはじまりです。それからずっと宇宙は、ふくらみつづけているのです。

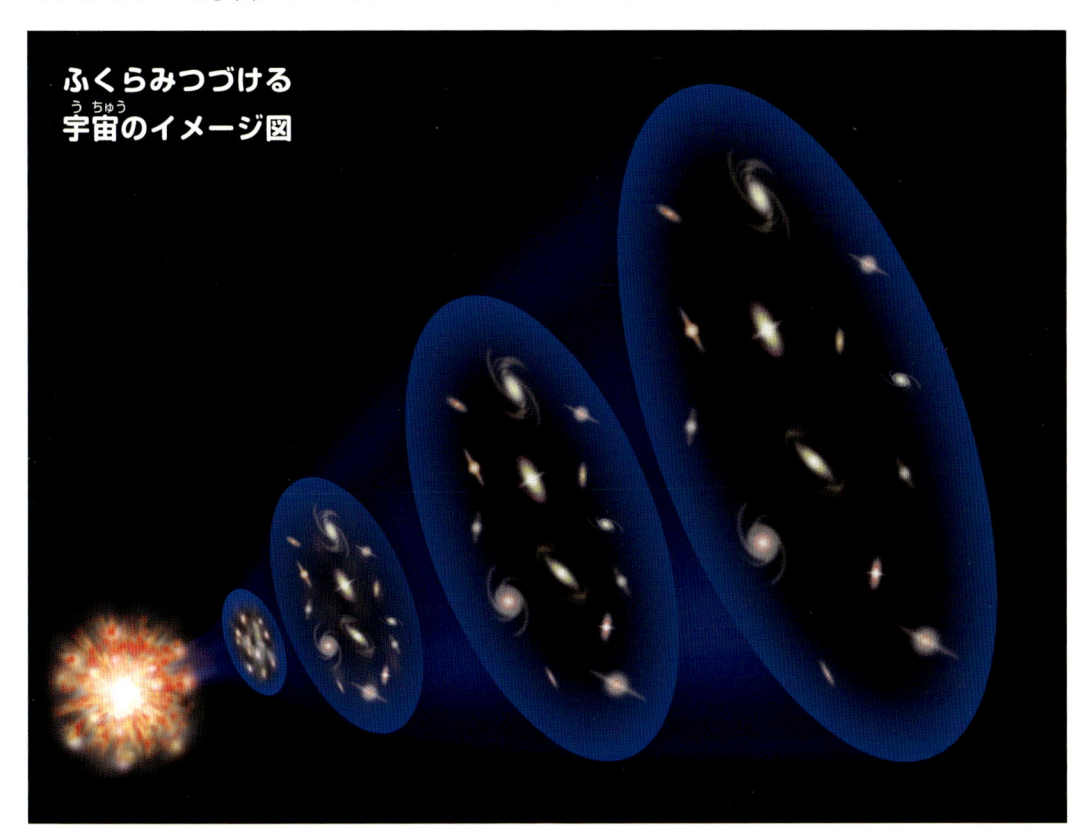

ふくらみつづける
宇宙のイメージ図

星がキラキラするのはなぜ？

星をじっと見ると、ほとんどの星がキラキラとまたたいていますね。どうしてでしょう？

クイズ
1

こたえは次のページ！

天体の種類

宇宙（うちゅう）にはさまざまな種類の天体があります。地球から見られる星のほとんどは、自分自身が燃（も）えて光っている「恒星（こうせい）」です。夜空にかがやく星は、遠くにあるのでとても小さく見えますが、ひとつひとつが太陽のように大きくて燃えている星なのです。恒星（こうせい）の光は地球の空気を通るときにとチカチカとまたたきます。またたいていない星を見つけたら、それは、恒星（こうせい）よりも地球の近くにあり、自分では光っていない「惑星（わくせい）」かもしれません。

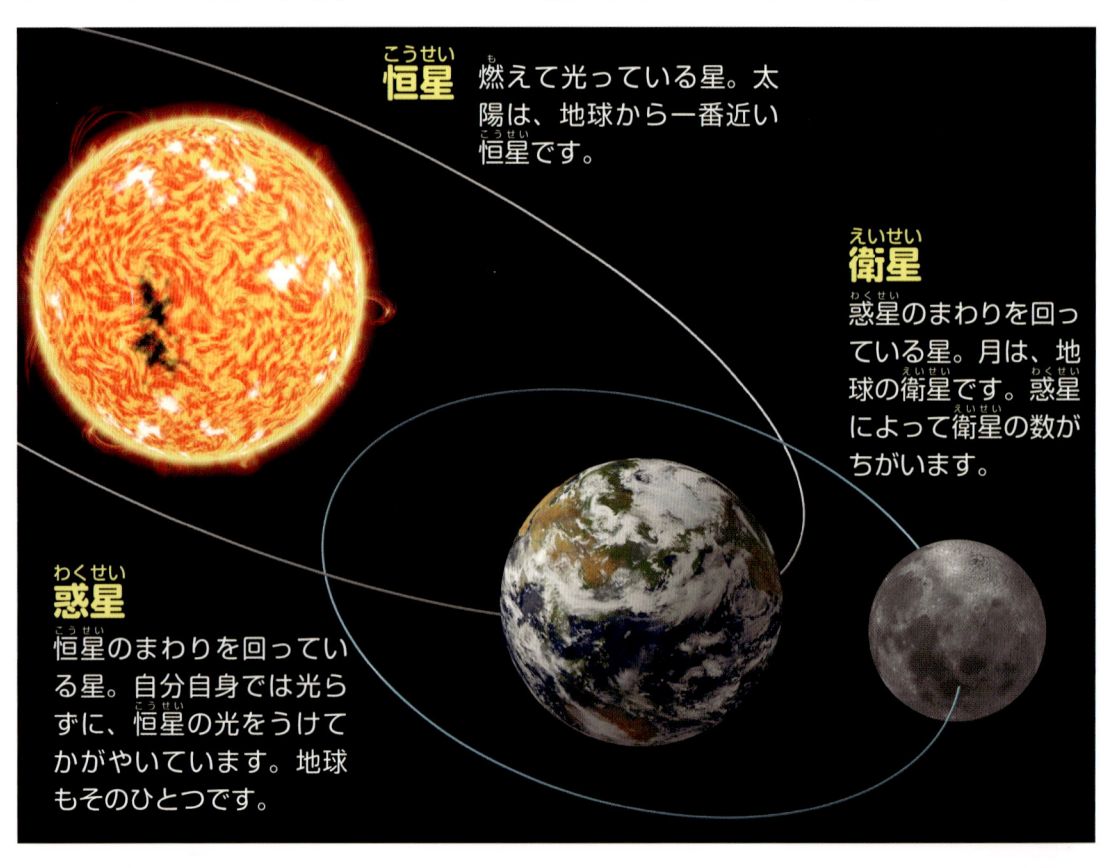

恒星（こうせい） 燃（も）えて光っている星。太陽は、地球から一番近い恒星（こうせい）です。

衛星（えいせい） 惑星（わくせい）のまわりを回っている星。月は、地球の衛星（えいせい）です。惑星（わくせい）によって衛星（えいせい）の数がちがいます。

惑星（わくせい） 恒星（こうせい）のまわりを回っている星。自分自身では光らずに、恒星（こうせい）の光をうけてかがやいています。地球もそのひとつです。

星雲（せいうん） 星やガスが雲のように集まったもの。写真はＭ（エム）42 星雲。

星団（せいだん） たくさんの星が集まったもの。写真はプレアデス星団（せいだん）。

銀河（ぎんが） 星や星雲などさまざまな天体が集まったもの。写真はＭ（エム）31 銀河（ぎんが）。

彗星 (すいせい)

太陽のまわりをまわっている星の一種。太陽に近づいたり、離れ（はな）たりしながらまわっている。太陽の熱や風で、ガスやチリが長くのびて光の尾（お）ができる。写真はハレー彗星（すいせい）。

 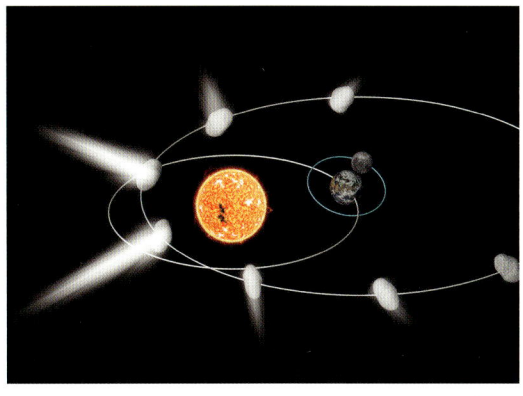

流星 (りゅうせい)

宇宙（うちゅう）にただようとても小さな星が、地球の大気にふれて光ったもの。その多くは彗星（すいせい）の尾（お）（チリ）がもとになっている。写真はペルセウス座流星群（りゅうせいぐん）。

ダークマター（暗黒物質 あんこくぶっしつ）

宇宙（うちゅう）空間の黒くて星のないところはどうなっているのでしょう？　かつては、宇宙（うちゅう）空間には、目に見える天体以外は何もないと思われていました。しかし、最近の研究（けんきゅう）では、そこにはダークマター（暗黒物質）がたくさんあると考えられています。ダークマターとは、目に見えず、さわることもできませんが、重さや重力はある未知の物質（ぶっしつ）です。

宇宙（うちゅう）で一番明るい星は太陽？

わたしたちがくらす地球に光と熱をあたえてくれる大切な星、太陽。昼間でも見えるくらい、とても明るい星です。
ということは、宇宙（うちゅう）で一番明るいのは太陽なのでしょうか？

 クイズ 2

こたえは次のページ！

星の明るさ・実視等級

星の明るさは同じではないので、その明るさを「等級」という単位でしめして、1等級の星を1等星とよんでいます。ベガという星が基準になっています。6等星の明るさを1とすると、5等星はその2.5倍明るくなります。等級の数字がひとつ減るごとに、2.5倍明るくなります。つまり、1等星と6等星では明るさが100倍もちがうのです。

これは、地球から見たときの、見た目の明るさなので「実視等級」といいます。

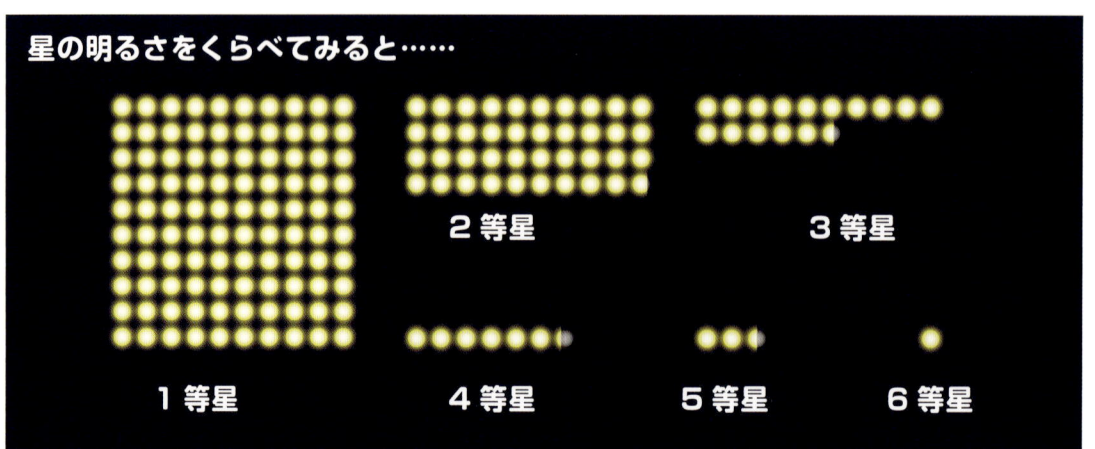

星の明るさをくらべてみると……

2等星　3等星

1等星　4等星　5等星　6等星

本当の明るさ・絶対等級

2の
こたえ

明るさだけでなく、地球から星までの距離もさまざまにちがうので、地球から見ている明るさが、その星の実際の明るさではありません。本当の明るさを表すときは、その星が仮に、同じ距離（32.6光年）にあると考えて計算した明るさ「絶対等級」をつかいます。太陽は、実視等級ではマイナス26.7等級のとても明るい星ですが、絶対等級では4.8等級なので、実は、そんなに明るいとはいえない星なのです。

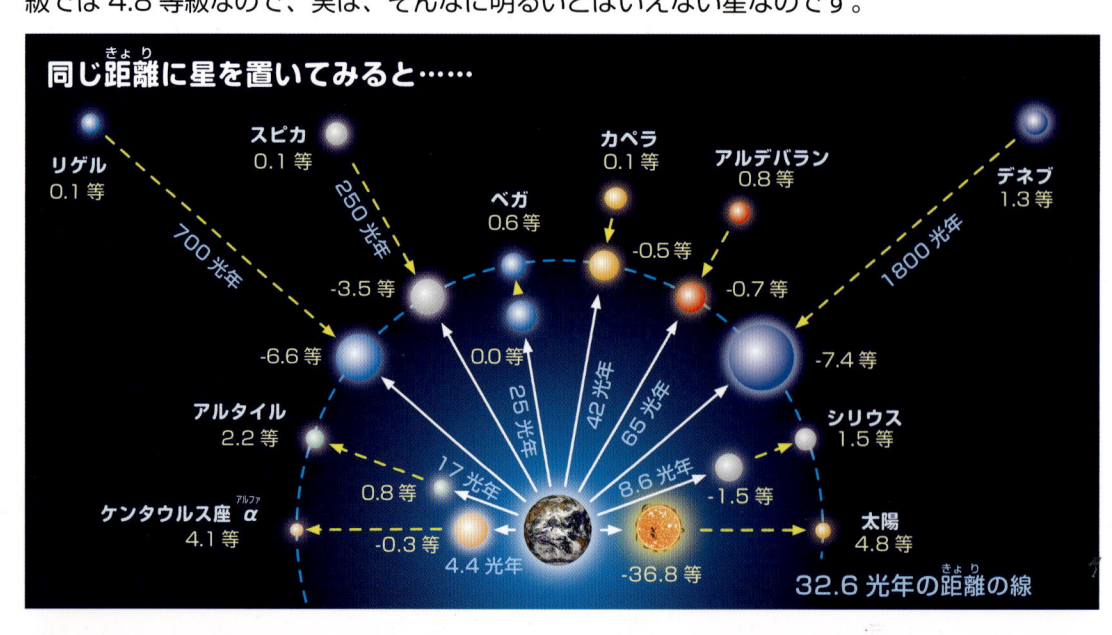

同じ距離に星を置いてみると……

リゲル
0.1等

スピカ
0.1等

250光年

700光年

カペラ
0.1等

アルデバラン
0.8等

デネブ
1.3等

ベガ
0.6等

-0.5等

-0.7等

1800光年

-3.5等

0.0等

-6.6等

-7.4等

アルタイル
2.2等

25光年

42光年

65光年

シリウス
1.5等

0.8等

17光年

8.6光年

-1.5等

ケンタウルス座 α
4.1等

-0.3等

4.4光年

-36.8等

太陽
4.8等

32.6光年の距離の線

星までの距離・光年

月や太陽までの距離は、私たちがふだん使っている単位のキロメートル（km）であらわすことができます。でも、もっと遠くで光る星たちは、そんな単位では数字が大きくなりすぎほど離れています。

そこで考えられたのが「光年」という単位です。年という言葉がつかわれていますが、時間ではなく距離をあらわしています。1光年は、光が1年間かけて進む、およそ9兆4600億キロメートルです。下の図でさまざまな天体までの距離をみてみましょう。

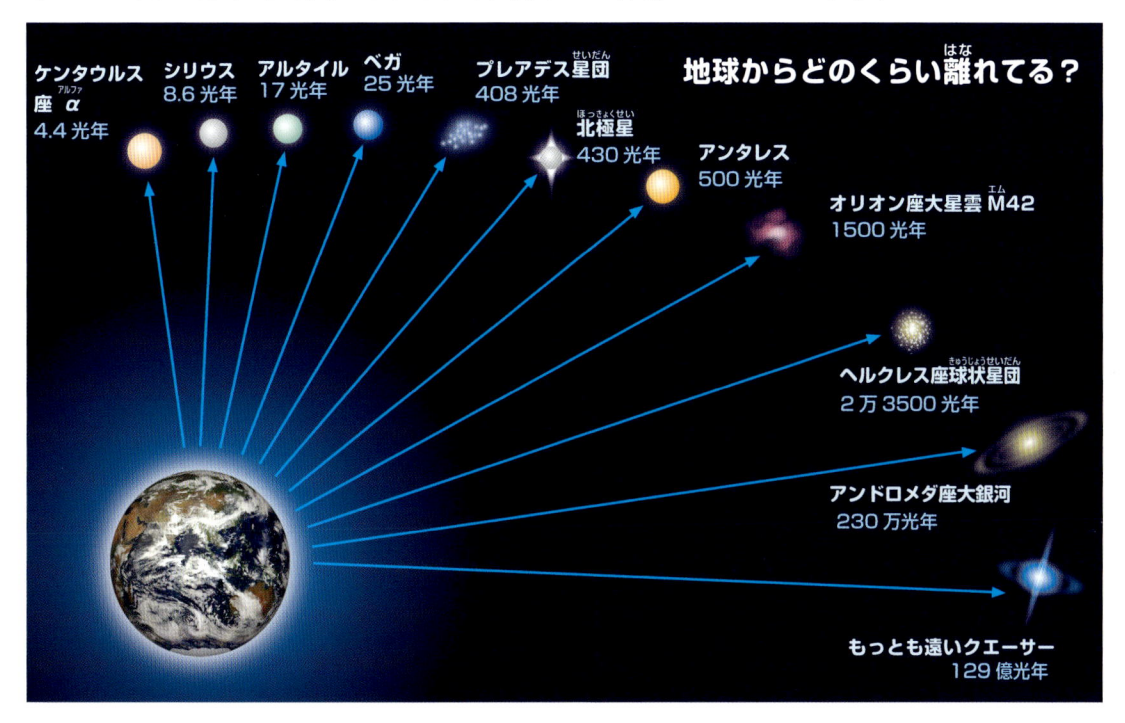

地球からどのくらい離れてる？

ケンタウルス座 α
4.4光年

シリウス
8.6光年

アルタイル
17光年

ベガ
25光年

プレアデス星団
408光年

北極星
430光年

アンタレス
500光年

オリオン座大星雲 M42
1500光年

ヘルクレス座球状星団
2万3500光年

アンドロメダ座大銀河
230万光年

もっとも遠いクエーサー
129億光年

赤い星は、どんな星？

星をよく見ると、白くかがやく星だけではなく、黄色や赤などちがう色の星もあります。これは、星の年齢と表面の温度に関係があるのです。

右の写真は、アンタレスという赤い星です。これはいったいどんな星でしょう？

クイズ
3

こたえは次のページ！

3の
こたえ

星の一生

恒星（こうせい）

の運命（うんめい）は、重さによって分かれます。「原始星ガス円盤（げんしせい・えんばん）」の中心に集まったガスは、やがて青白くかがやいて星が誕生（たんじょう）します。その後、成長期をむかえると、太陽のように安定した「主系列星（しゅけいれつせい）」となります。しかし、そのうちぐんぐんふくらんで赤くなり、温度も低くなってしまいます。つまり、アンタレスのように赤く光っている星は、年老いた老年期（としお・ろうねん・き）の星なのです。大きくふくらんだ星は、大爆発（だいばくはつ）をおこし、その重さによってさまざまなものになって一生を終えます。でも、そのときに散（ち）ったガスは、また新しい星の材料になるのです。

主系列星（しゅけいれつせい）

暗黒星雲

星の材料になる
つめたいガスやチ
リがあつまってで
きた巨大（きょだい）な星雲。

原始星
ガス円盤（えんばん）

暗黒星雲のガスがこい
部分が、重力でちぢん
でできたガスの円盤（えんばん）。

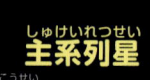
主系列星（しゅけいれつせい）

恒星（こうせい）として太陽のよ
うに光かがやく星。

主系列星（しゅけいれつせい）

褐色わい星（かっしょく）

軽すぎる星は、長い期間燃（も）える
ことができずに、少しずつ冷えて
いってしまう。

赤色巨星（せきしょくきょせい）

年をとった星は、どんどん赤く大
きくふくらんでいく。

白色わい星

ガスの輪の中心にのこった小さな
星。しばらくは光っているが、や
がて冷えていく。

惑星状星雲（わくせいじょうせいうん）

太陽の8倍ぐらいまでの重さの
星は、ガスが広がっていき、輪に
なって終わる。太陽の寿命（じゅみょう）はあと
50億年くらい。

黒色わい星

白色わい星が冷えて黒くなったもの。

赤色巨星（せきしょくきょせい）

ブラックホール
特に重たい星が爆発（ばくはつ）したあとは、ものすごい重力をもち、まわりの空間をねじまげ、自分自身も、光もとじこめてしまうブラックホールとなる。

超新星爆発（ちょうしんせいばくはつ）
太陽より30倍以上重い星の大爆発（だいばくはつ）。

赤色巨星（せきしょくきょせい）

ガスやチリ
また、新しい星の材料となる。

中性子星
重たい星が爆発（ばくはつ）したあとに残る小さな星。

超新星爆発（ちょうしんせいばくはつ）
太陽より8〜30倍くらい重い星の大爆発（だいばくはつ）。

クイズ4

星はどんなふうに動くの？

こたえは次のページ！ →

この二枚の写真は同じ場所で撮影（さつえい）したものです。さっきまで地平線の近くにあった星が、時間がたつとずいぶん動いて見えることがありますね。どのように動くのでしょう？　見る方角によってちがいますよ。

アンタレス

アンタレス

地球の自転と星の動き

本当はさまざまな距離で離れている星たちですが、あまりに遠いところにあるので、私たちにはそのちがいは感じられません。空には丸天井みたいな「天球」がおおいかぶさり、星はみんなその天球にはりついて光っているように見えますね。

地球は自分自身で1日に1回転しています。これが「自転」です。地球が西から東に回転するので、星たちは天球にはりついたままいっせいに東から西に動いていきます。この星の動きを「日周運動」といいます。私たちからは星が動いて見えますが、実際に動いているのは星ではなく、地球なのです。

天の北極
地球が自転する軸の先と天球がまじわったところ。

天球
地球で見ている人を中心にして考えられた大きな球面。すべての天体がここにのっているように見える。

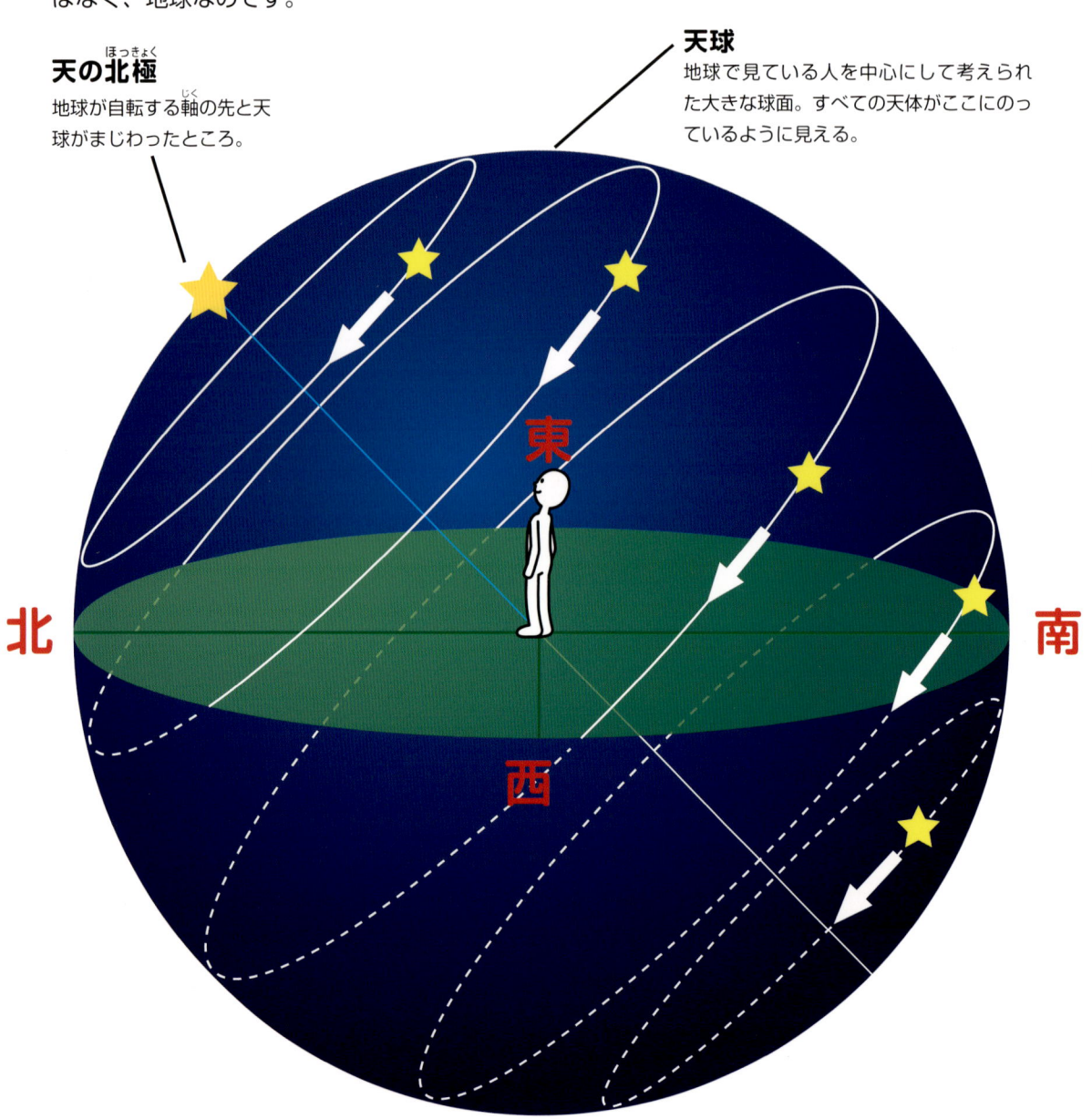

方角によってちがう星の動き

地球は丸いので、どこから空を見るかによって星の動きがちがいます。北半球にある日本では、見る方向によって異なる動きを観察できます。長い時間カメラのシャッターを開いて撮影した写真では、このように星の動きが線になって見えます。

北の空の動き
北の空では、天の北極を中心として反時計回りに円をえがくように星が動いていきます。

東の空の動き
ななめ上に星がのぼっていきます。

南の空の動き
東から西へ弧をえがいて星が動きます。

西の空の動き
ななめ下に星がしずんでいきます。

クイズ 5

夜が長い日と短い日があるのはなぜ？

地球は、およそ24時間で1回転します。でも、昼と夜の長さはちょうど半分ではありませんね。日本では冬は早く暗くなるし、夏は昼間が長いです。いったいどうしてでしょう？

こたえは次のページ！

地軸のかたむき

地球が自転するときに中心となる軸を「地軸」といいます。地球は、太陽に対して少しかたむいたまま回っています。このため、太陽の光が当たる角度が季節によって変わり、夜が長くなったり短くなったりするのです。

北極が太陽の方を向いているとき、日本のある北半球は、長く日が当たる夏になります。

5の こたえ

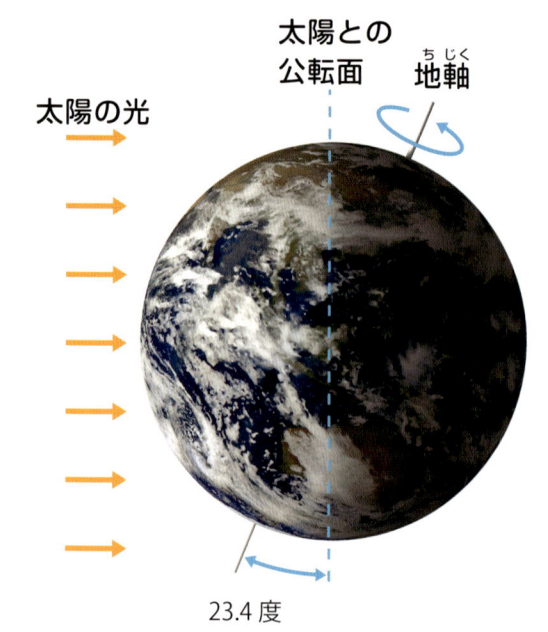

太陽の光 太陽との公転面 地軸

23.4 度

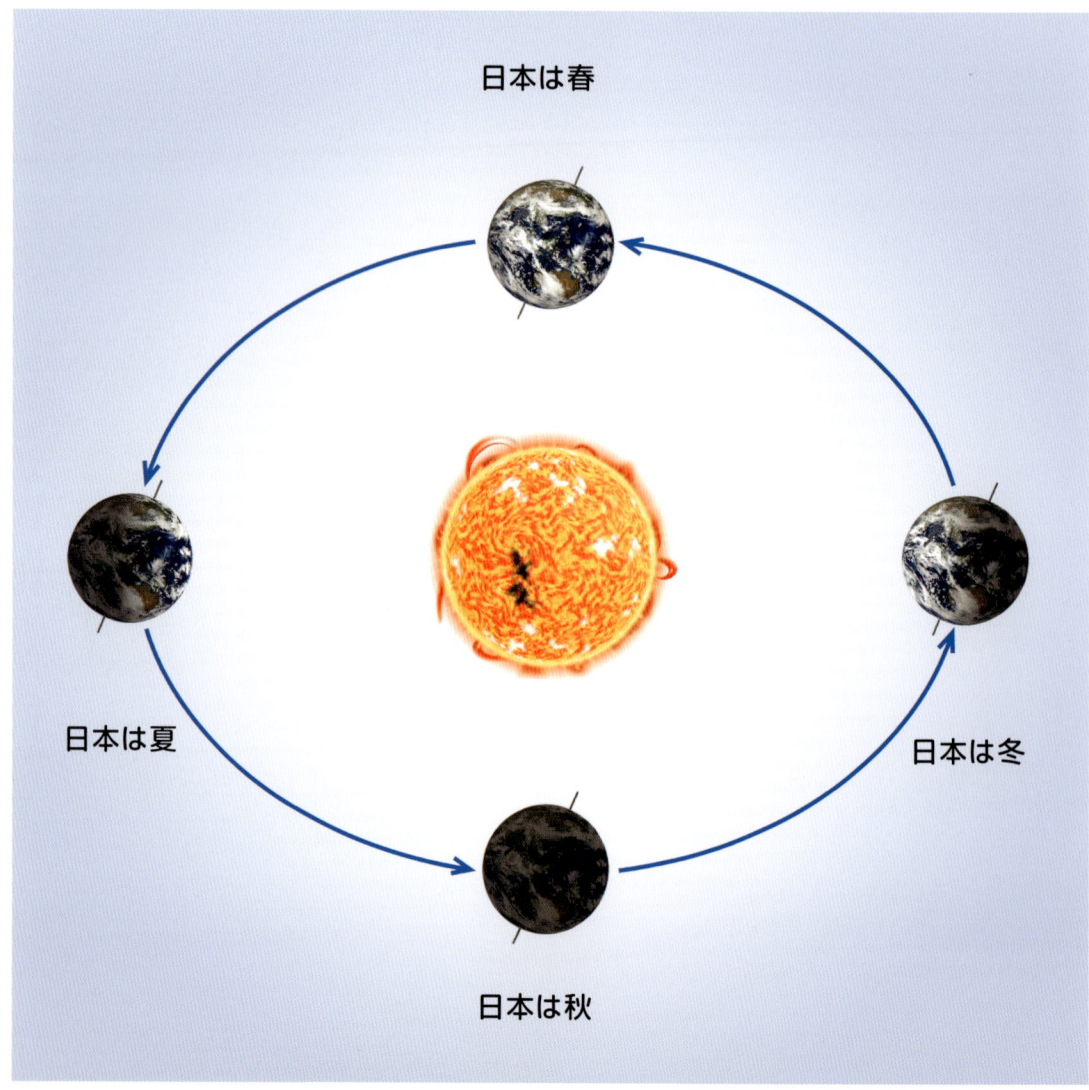

日本は春

日本は夏

日本は冬

日本は秋

地球の公転と星の動き

く るくると 1 日につき 1 回転しながら、地球は 1 年かけて太陽のまわりを反時計回りにぐるっと 1 周しています。その動きを「公転」といいその通り道を「軌道」といいます。公転で地球と太陽の位置が季節によって変わるので、見える星も 1 年かけて少しずつ変わっていきます。同じ時刻に観察すると、星は東から西へ動いていって 1 年で 1 周するように見えます。この星の動きを「年周運動」といいます。

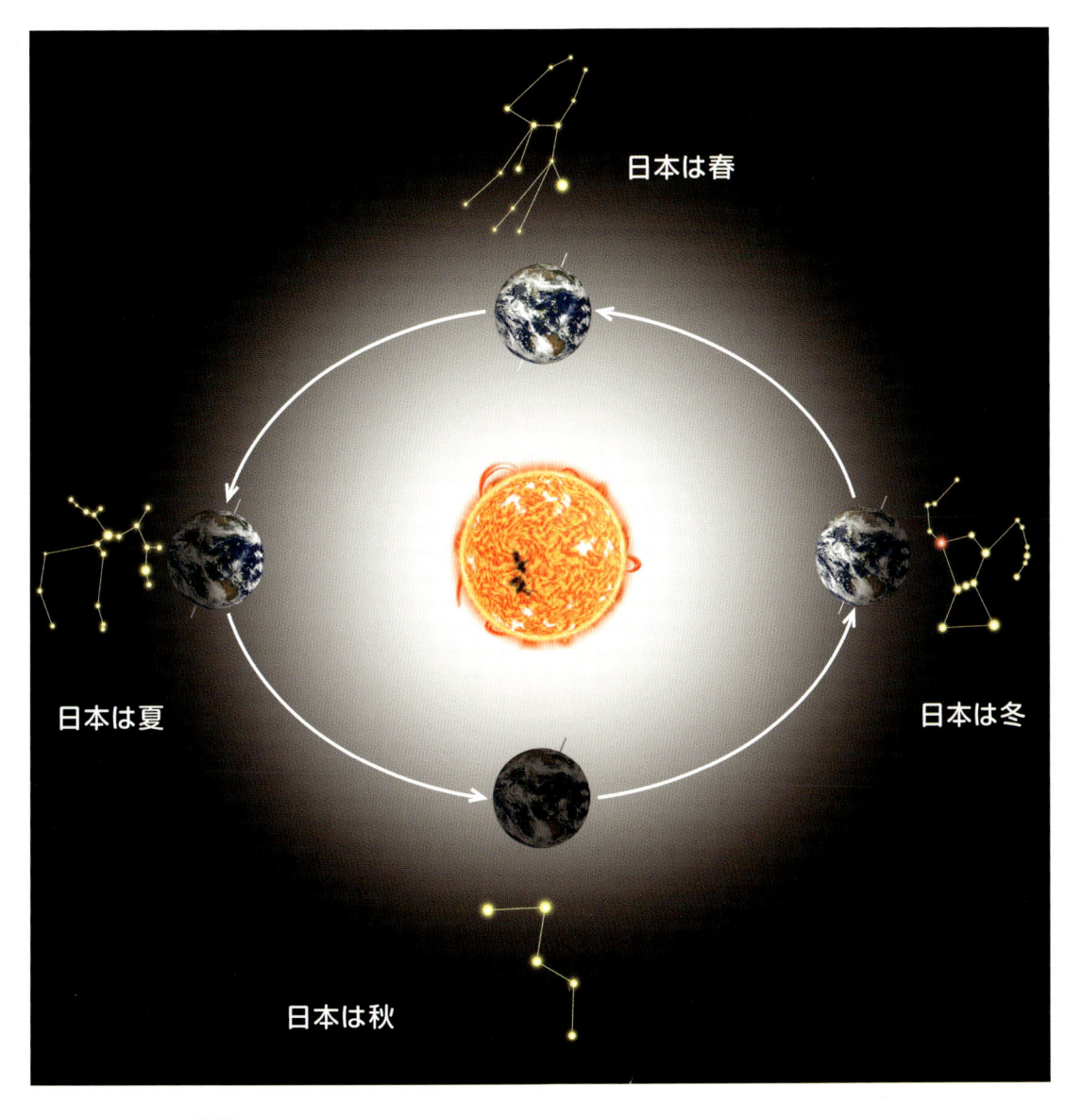

日本は春

日本は夏

日本は冬

日本は秋

こ のように地軸のかたむきによって日本には四季があるのですが、そのおかげで季節ごとにバリエーション豊かな星空を観察することができるのです。

夜空で星座をさがそう

時計やカレンダーのない
大むかしは、星の位置で、
季節や時間を知りました。
明るい星を目印にしたり
星のならびを
何かに見立てるうちに
星座が生まれたのです。

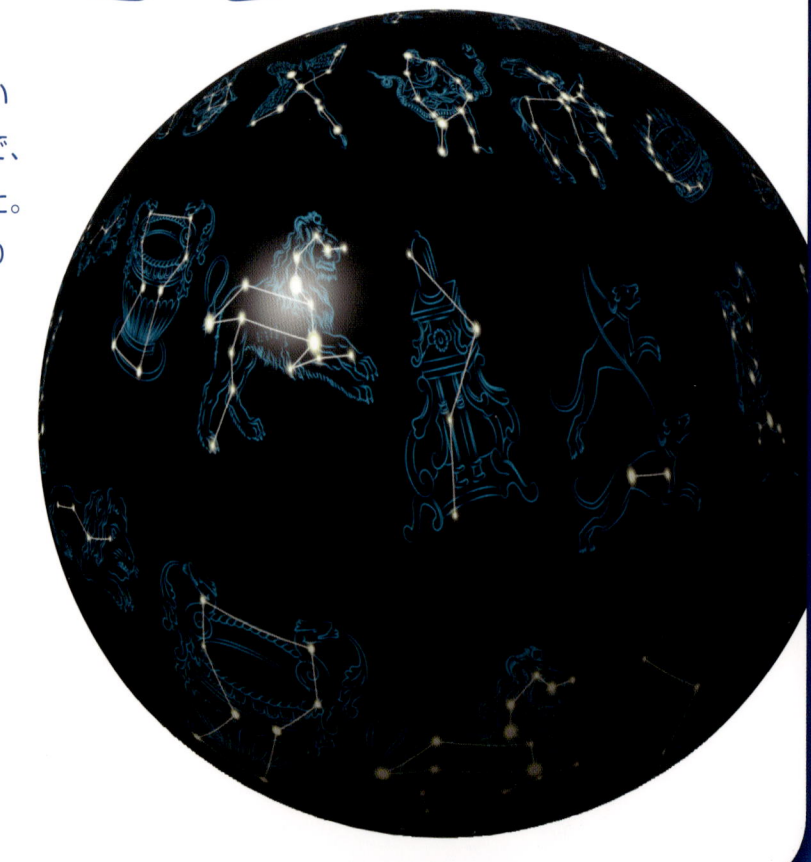

よく知られた星座

星座は全部で 88 個あります。そのなかで、みなさんがまず頭にうかぶのは星うらないなどでつかう誕生星座ではないでしょうか。この星座はどのようにしてきめたのか知っていますか？

それは、太陽の動きと関係しています。地球から見た太陽の位置は毎日変わりますが、その場所をつないだ太陽の通り道が「黄道」です。そして、黄道を通っている 13 の星座のうち、へびつかい座をのぞいたのが「黄道十二星座」なのです。

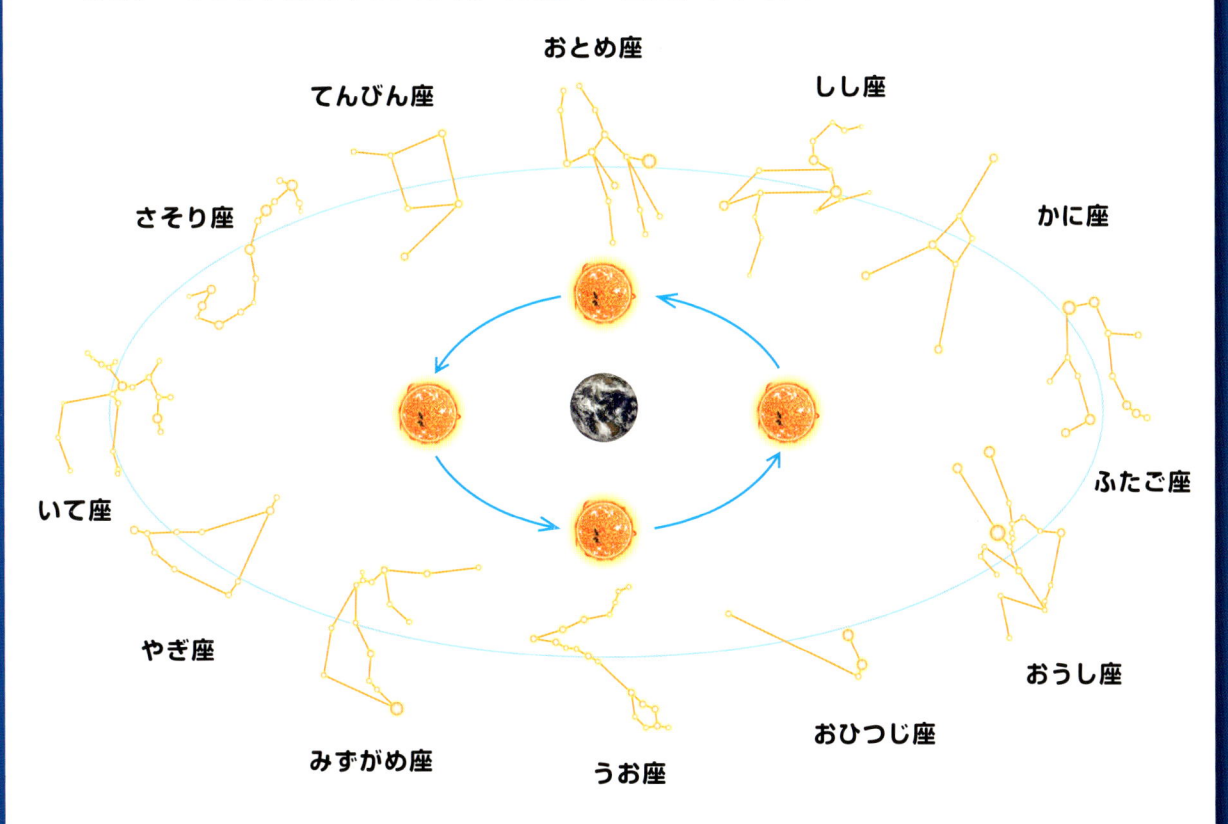

何に見える？ クイズ 6

では、この星は何の形に見立てられたかわかりますか？

右の絵のように、星と星との間に星座線が入ると、わかりやすいですね。

 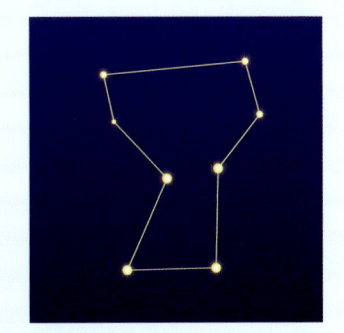

春の星座

アルクトゥルス

うしかい座

2匹の猟犬を連れた巨人。1等星アルクトゥルスはおおぐま座の後をついてまわる「熊の番人」

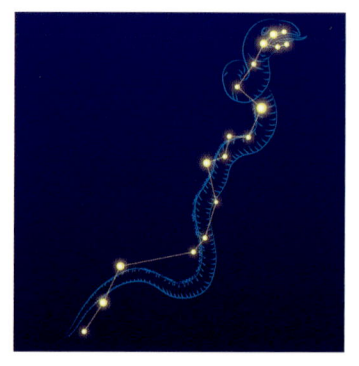

うみへび座

大きなうみへび。神話では、勇者ヘルクレスが退治した怪物ヒドラだともいわれている。

おおぐま座

柄杓の形をした北斗七星の柄がしっぽで、杓の部分が腰になっている。

スピカ

おとめ座

背中につばさをもった農業の女神。88個の星座のなかで2番目に大きい。

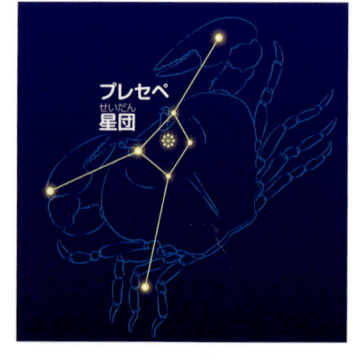

プレセペ星団

かに座

全体的には暗くてさがしにくいが、かにの甲羅のあたりにプレセペ星団の明るい星の群れがある。

かみのけ座

たくさんの星のあつまりである星団を、たくさんの髪の毛のたばに見立てた星座。

からす座

うみへびの背中に乗ったからす。日本では「四つ星」「帆かけ星」ともよばれる。

北極星

こぐま座

しっぽの先にある「北極星（ポラリス）」を中心にして、北の空をまわっている。一年中みられる。

こじし座

しし座の頭とおおぐま座の足下にはさまれている。暗い星でつくられていてあまり目立たない。

春に観察しやすい星座をあつめました。ここでは形がわかりやすい向きで紹介しています が、星座の向きは時間などによって変わります。

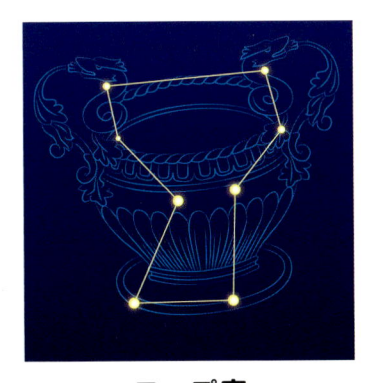

コップ座
古代ギリシアの杯の形。うみへび座の背に乗っている。

しし座
ししの大鎌とよばれる、うら返しの？マークのような形。心臓の「レグルス」尾の「デネボラ」が目印。

ポンプ座
化学実験につかう真空ポンプの形。空の星座がなかった部分につくられた、比較的新しい星座。

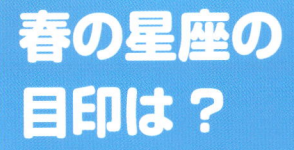

6の こたえ

りょうけん座
もともとおおぐま座にふくまれていたが、うしかい座の猟犬として独立した星座になった。

ろくぶんぎ座
星の位置を調べる道具、六分儀の形をしている。うみへび座の背に乗っている。

クイズ 7

春の星座の 目印は？

それぞれの季節の夜空には、星座をさがす目印になる、めだつ形があります。
春は、おおぐま座の北斗七星と、1等星でつくられた大きな三角形が、星座さがしの手がかりになります。この三角形を何ていうか知っていますか？

こたえは次のページ！

春の夜空

こ れは、春の星座をあらわした星座図です。春の夜の8時ごろ、空を見上げるとこんなふうに見えます。星は、東からのぼって西にしずみますから、ひと晩中ながめていれば、このあと、夏の星座なども見られます。つまり、春の星座とよばれる星座だけが春に見られるということではないのですが、観測しやすいこの時間の空で星座の季節を分けているのです。

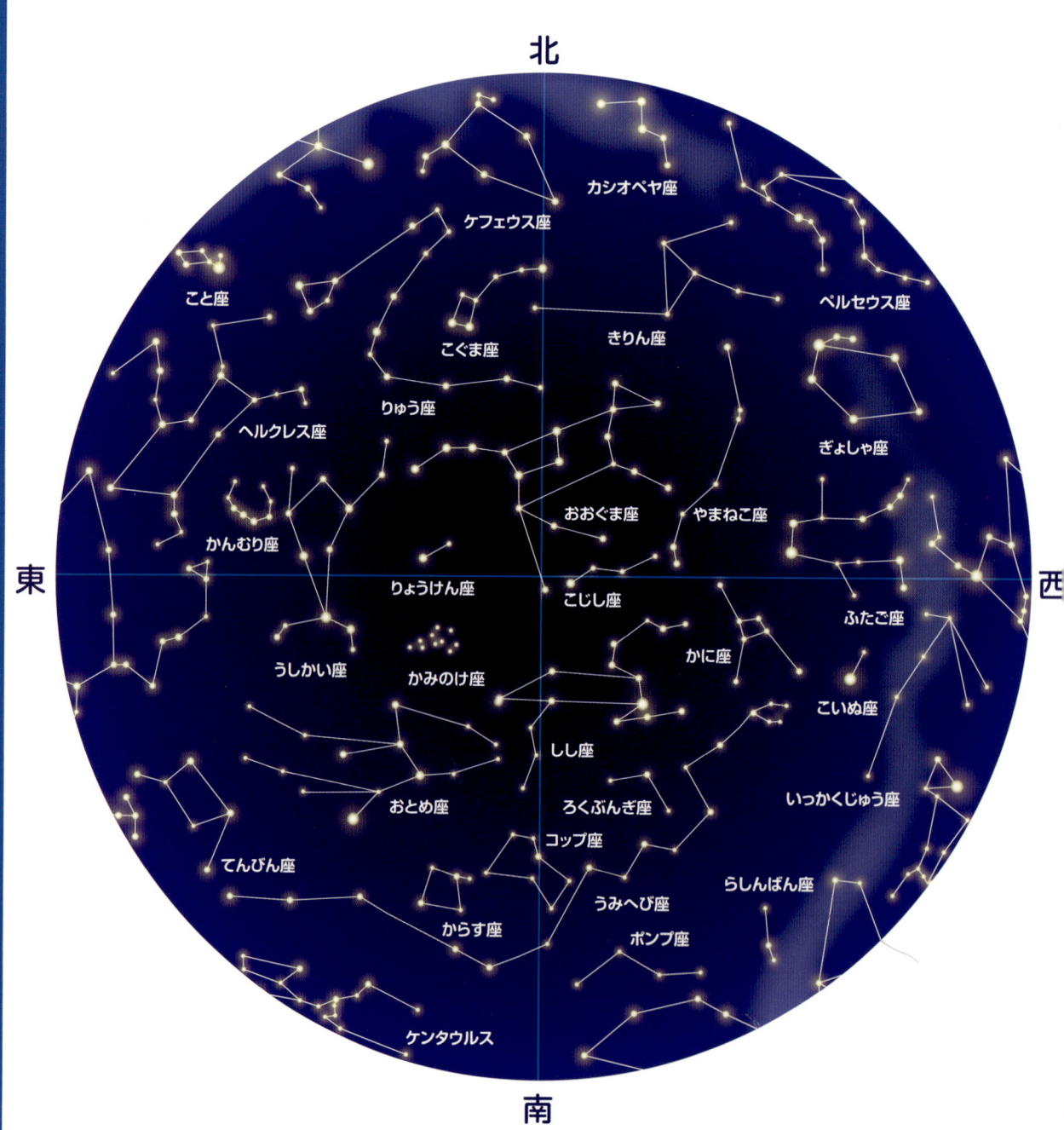

北斗七星と春の大三角

7の
こたえ

北斗七星は柄杓の形をしています。その柄のカーブをのばしていけば、うしかい座のアルクトゥルスにあたります。オレンジ色の明るい星です。さらにのばしていくと白く光るおとめ座のスピカへとつながります。この曲線が「春の大曲線」です。そこにしし座のデネボラを加えてつくった三角形を「春の大三角」とよびます。

北斗七星

うしかい座

春の大曲線

おおぐま座

アルクトゥルス

デネボラ

春の大三角

しし座

おとめ座

スピカ

織り姫はどこにいる？

クイズ
8

夏の夜、七夕の日には伝説があります。天の川によってひきさかれた彦星（牽牛）と織姫（織女）が、1年に一度だけ会えるというものです。この二つの星は、アルタイルとベガという1等星。それぞれどの星座の星でしょうか？

ベガ

こたえは次のページ！

夏の星座

いて座

弓を放つケンタウルス。6つの星が柄杓の形にならぶ南斗六星が、上半身と弓の一部になっている。

いるか座

4等星の小さな四角形が目印。ギリシャ神話では海の神のつかいとされている。

かんむり座

2つある冠の星座のひとつ。9個の星が輪になって王冠の形をつくっているので見つけやすい。

こぎつね座

ガチョウをくわえたきつね。暗い星が多くて見つけにくい。はくちょう座の十字の下にある。

こと座

1等星の織姫ベガと、平行四辺形にならぶ4つの星が、たて琴の形になっている。

さそり座

赤い1等星アンタレスが目印のS字型の星座。神話では、オリオンを毒針でさして殺している。

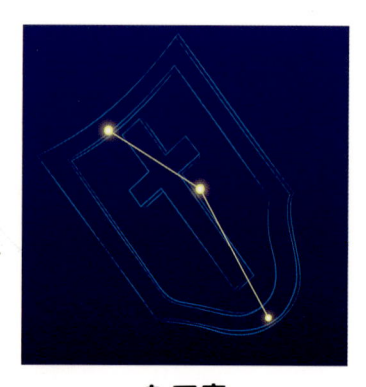

たて座

戦士がつかう十字架のかかれた盾の形の新しい星座。明るい星はなく目立たない。

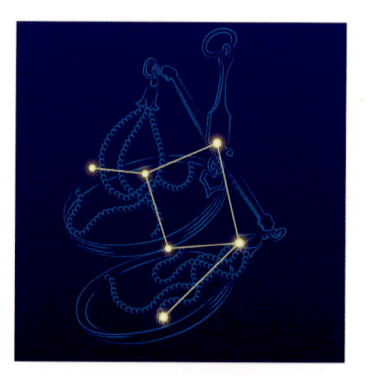

てんびん座

重さをはかる天秤の形。暗い星が多くめだたないが、おとめ座とさそり座の間をさがすとみつかる。

はくちょう座

明るい星の大きな十字が、天の川にそってつばさを広げた白鳥の形になっている。

天の川をかこんでさまざまな星座が見られます。彦星はわし座で、織姫はこと座で、それぞれ光っています。

へび座

へびつかい座にからみつく大蛇。頭の部分と尾の部分で2つに分かれためずらしい星座。

へびつかい座

医神アスクレピオス。2本の手でへびをつかんでいる。へび座と合わせてさがすとわかりやすい。

ヘルクレス座
球状星団

ヘルクレス座

真夏の夜、頭の真上に見えるさかさまになった巨人。腰に球状の星団がある。

みなみのかんむり座

星空に2つある冠の星座のうちのひとつ。明るい星はなく目立たない。

や座

天の川の中にある星座。4つの星がY字の形にならんで矢になっている。3番目に小さい星座。

りゅう座

尾をおりまげた竜が、こぐま座をかこんでいる。明るい星はなく目立たない。

アルタイル

わし座

1等星の彦星アルタイルを中心にして、つばさを広げた鷲の形をつくっている。

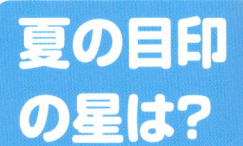
クイズ
9

夏の目印の星は?

夏の大三角をつくるベガとアルタイル。そして、もうひとつの1等星があるのは何座でしょう?

こたえは次のページ！

ベガ

アルタイル

夏の夜空

東の空に乳白色にかがやくく天の川は、地球をふくめた星がある銀河系を、渦の中心にむかって横から見たものです。たくさんの数をしめす「星の数ほど」という表現があるくらい、夜空には星が無数にありますが、天の川がよく見える夏の空は、とくに多くの星が見えています。春の星座図にもあった星座がありますね。どのように動いたか確認してみましょう。

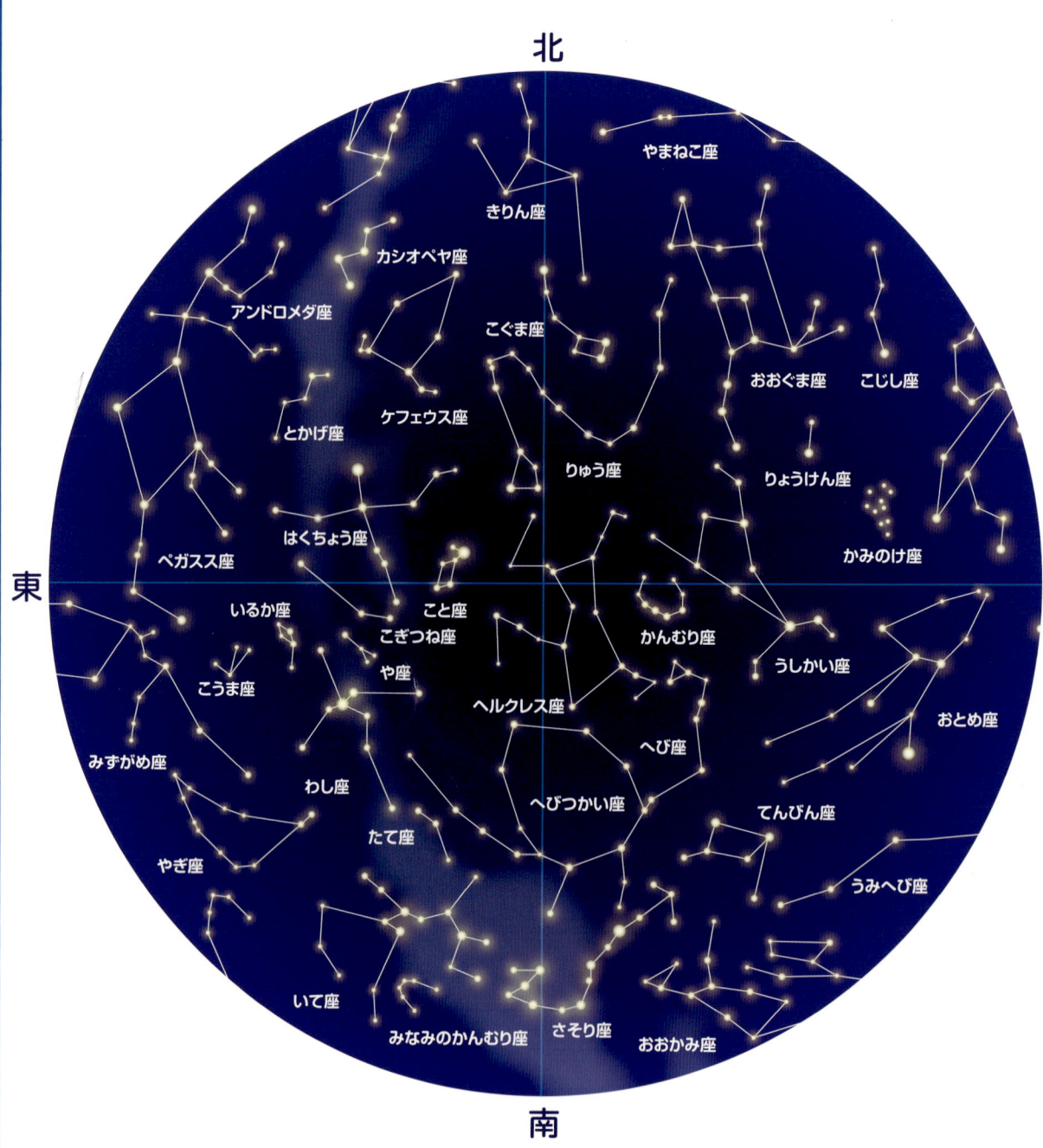

夏の大三角

9のこたえ

頭の真上あたりにあるひときわ明るく見える星が、こと座のベガです。天の川をはさんで西側にわし座のアルタイルがあります。その2つの星ときれいに三角形をつくる星が白鳥座のデネブです。この三角形が、夏の夜空の道しるべ「夏の大三角」です。

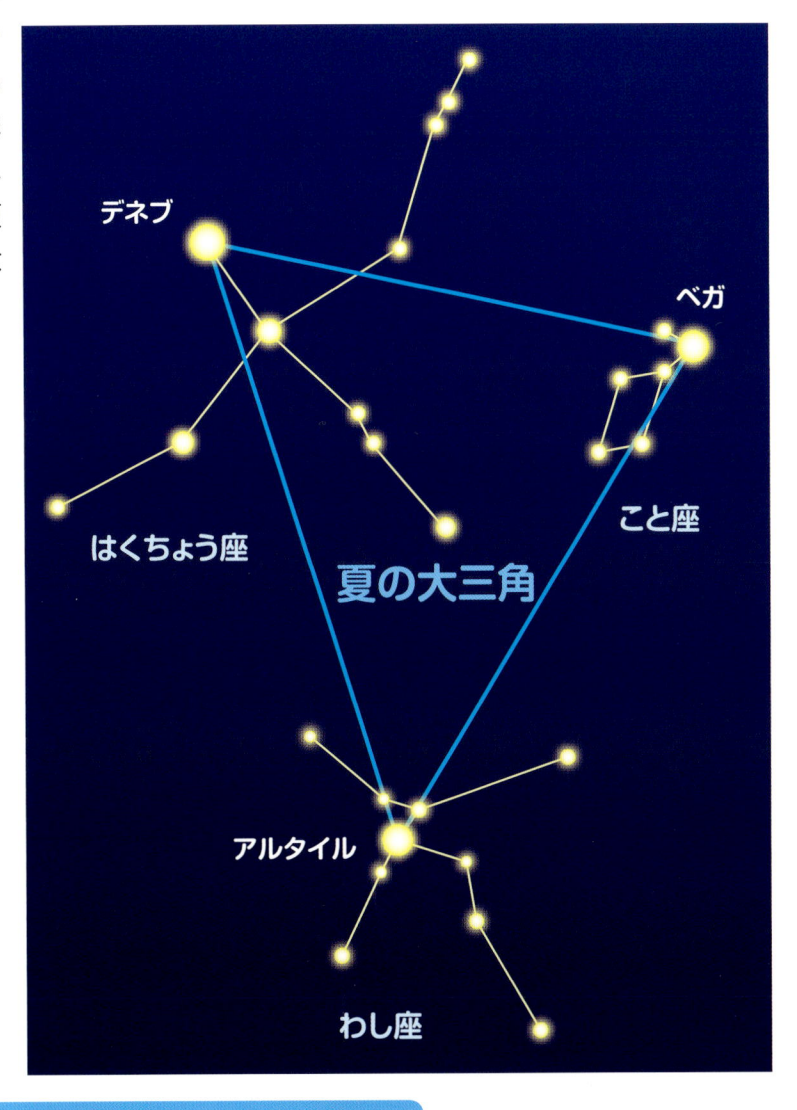

秋の1等星がある星座は？

明るい星が多い夏とちがって、秋の夜空は全体的にやや暗めで、1等星はひとつしかありません。「秋のひとつ星」ともよばれるフォーマルハウトです。では、この星がある星座は何でしょう？

クイズ10

こたえは次のページ！

秋の星座

アンドロメダ座
両うでを鎖でつながれた王女。腰のあたりに、M31アンドロメダ座大銀河がある。

うお座
リボンでつながれた2匹の魚。女神とむすこが離ればなれにならないよう結んだという神話がある。

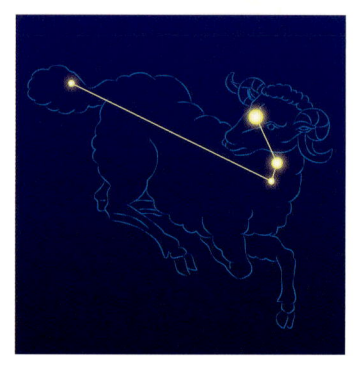

おひつじ座
2つの2等星を頭にした牡羊。ギリシャ神話では、金色の空飛ぶ羊とされている。

カシオペヤ座
北極星をはさんで、おおぐま座の反対側にある、1年中見られる目立つ星座。

くじら座
手のある怪物くじら。心臓とされている星ミラは、変光星で、1年のあいだで明るさが変わる。

ケフェウス座
古代エチオピア王ケフェウスのすがた。日本では1年中見られる。北極星の近くにある。

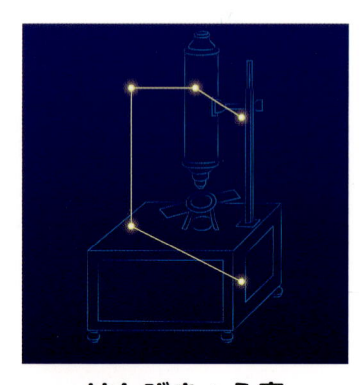

けんびきょう座
顕微鏡の形。南の地平線近くの低い空にあらわれる。明るい星がなく見つけにくい。

こうま座
馬の頭の形。2番目に小さな星座。ペガスス座の鼻先にある。

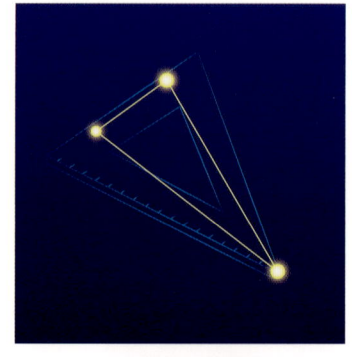

さんかく座
三角じょうぎの形。おひつじ座の頭の上あたりにある小さな星座。アンドロメダの下にある。

暗くなる時間が早くなり、星が観察しやすくなる時期です。なかでもカシオペヤ座は、W または M の形をしていて、とくに見つけやすい星座です。

ちょうこくしつ座
彫刻室のイメージ。大きな星座ですが、明るい星がなく見つけにくい。くじら座の下にある。

つる座
日本では鶴、西洋ではフラミンゴ。南の地平線近くに、明るい2つの星があらわれる。

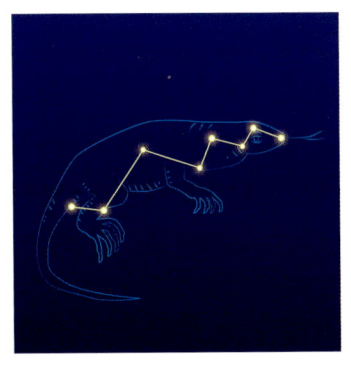

とかげ座
しっぽを丸めたとかげ。8つの3～4等星がジグザグにならんでいる。ペガススの足下にいる。

マルカブ
シェアト
アルフェラッツ
アルケニブ

ペガスス座
つばさが生えた天馬の上半身が、さかさまに見える。大きな四辺形が見られる。

アルゴル

ペルセウス座
勇者ペルセウスのすがた。魔女メデューサの首を持っている。変光星アルゴルがある。

フォーマルハウト

みずがめ座
水がめを持った少年。みなみのうお座の1等星フォーマルハウトにむかって酒が流れている。

フォーマルハウト

みなみのうお座
さかさになって、みずがめ座から流れ落ちた酒を受ける魚。ビーナスが変身したともいわれる。

やぎ座
上半身は山羊で下半身が魚の動物。秋の初め、南の低い空で見られる。

秋の空にも大三角がある？

春と夏、それぞれの夜空の目印は、1等星でつくる大きな三角形でしたね。では、秋の空にも大三角があるでしょうか？

こたえは次のページ！  クイズ 11

秋の夜空

秋の夜長。星を見るのによい時期だというのに、明るい星が少ない季節です。でも、秋の夜空にはギリシャ神話に登場する星座がたくさんありますよ。星座にまつわる物語を知るのも、天体観測(かんそく)の楽しみ方のひとつですね。

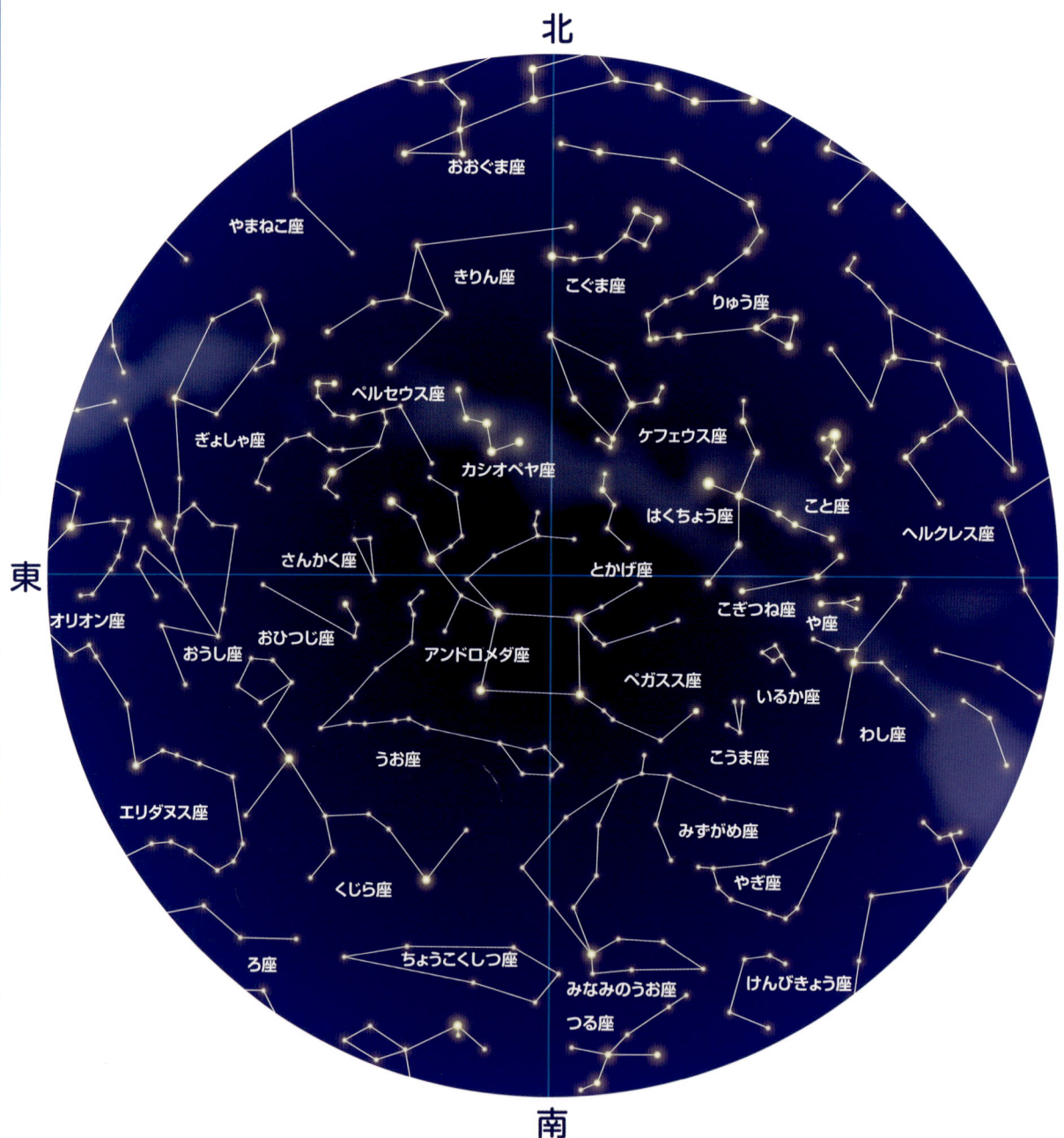

アンドロメダ座の神話

国王ケフェウスと王妃(おうひ)カシオペヤは、娘(むすめ)のアンドロメダの美しさをじまんするあまり神の怒(いか)りをかい、怪物(かいぶつ)くじらのいけにえにするために鎖(くさり)でつながれてしまいます。そこにあらわれたのが、メドゥーサを倒(たお)して故郷(こきょう)へ帰る、天馬ペガススに乗ったペルセウス王子です。

秋の大四辺形

11の
こたえ

ペガスス座の胴体部分にあたる「秋の大四辺形」は、天空の真上あたりにあるので、明るい星が少ない秋の夜空のとてもよい手がかりです。大四辺形のひとつ、アルフェラッツは近接した軌道をもつ2つの星からなる連星です。馬のへそという意味の名前の通り、ペガスス座の体になっていますが、実はアンドロメダ座に属する星です。アンドロメダの頭にもなっていますね。

秋の星座はみつけにくいので、四辺形の四辺をそれぞれのばしていき、星座や星をみつけるといいでしょう。

アルフェラッツ

シェアト

アンドロメダ座

アルゲニブ

マルカブ

秋の大四辺形

ペガスス座

一番明るい星があるのは？

1等星が多い冬の空。なかでも一番明るいのは、シリウスです。まだ若い星で、この写真のように青白く光っています。では、そのシリウスがあるのは何座でしょう？

クイズ
12

こたえは次のページ！

冬の星座

いっかくじゅう座
空想の生物ユニコーン。冬の大三角の内側にある星座だが、明るい星がなく目立たない。

うさぎ座
狩人オリオンの足下でにげ回るうさぎ。ギリシャ神話ではオリオンにふみつぶされてしまう。

エリダヌス座
ギリシャ神話に登場する川。長いので川の果ての1等星アケルナルは日本の一部でしか見られない。

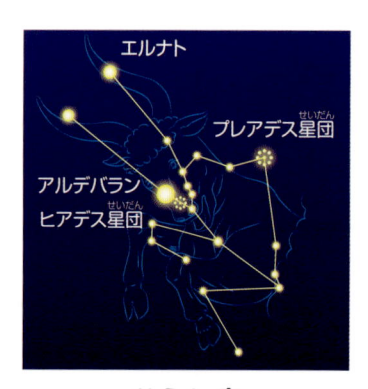

おうし座
大きな角のV字がわかりやすい。すばるとよばれるプレアデス星団と、ヒアデス星団がある。

おおいぬ座
猟犬のすがた。口のシリウスは、マイナス1.5等星の明るい星。

12のこたえ

オリオン座
中央の3つの星が狩人オリオンの腰、そのまわり4つの星が体になる。明るい星ばかりの星座。

きりん座
北極星の近くにあり1年中見られるが、明るい星はなく目立たない。

ぎょしゃ座
やぎをだいている老人。おうし座の角の星エルナトが右足の五角形の星座。肩には1等星カペラ。

こいぬ座
天の川をはさんで、おおいぬ座の反対側にある小さな星座。1等星プロキオンが目印。

1 年でいちばん空気がすんでいて星が見やすいのが冬です。もっとも明るくかがやくシリウスだけでなく、オリオン座の三つ星など、見つけやすい星もたくさんあります。

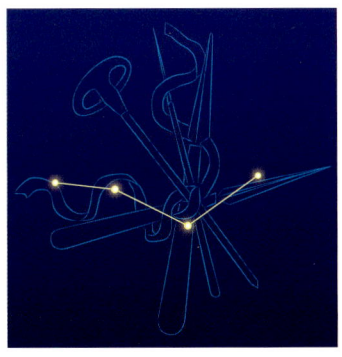

ちょうこくぐ座
彫刻のための道具のイメージ。新しくできた星座で、神話にはかかわりがない。

はと座
ノアの箱船の物語に登場するオリーブの枝をくわえた鳩のすがたといわれる。

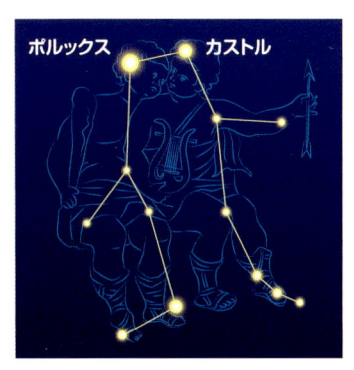

ふたご座
ポルックスとカストルの2つの明るい星が、仲良しのふたごの額にかがやいている。

ポルックス カストル

やまねこ座
おおぐま座とぎょしゃ座の間にあるが、明るい星がなく、見つけにくい。

ろ座
科学実験用の物を燃やす炉のイメージ。明るい星がなく、見つけにくい。

クイズ
13

冬の夜空にある 形は？

冬 の空にも「冬の大三角」があり、星座をさがす目印になっています。そして、冬にはもうひとつ目印になっている形があります。それは何でしょう？

こたえは次のページ！

冬の夜空

真　冬の夜空は、1年でいちばん多く1等星が見られます。1等星は全部で21個あり、日本で見られるのは、そのうち15個です。日本のどこからも見られる星座のなかで、1等星を2個もつのはオリオン座だけです。

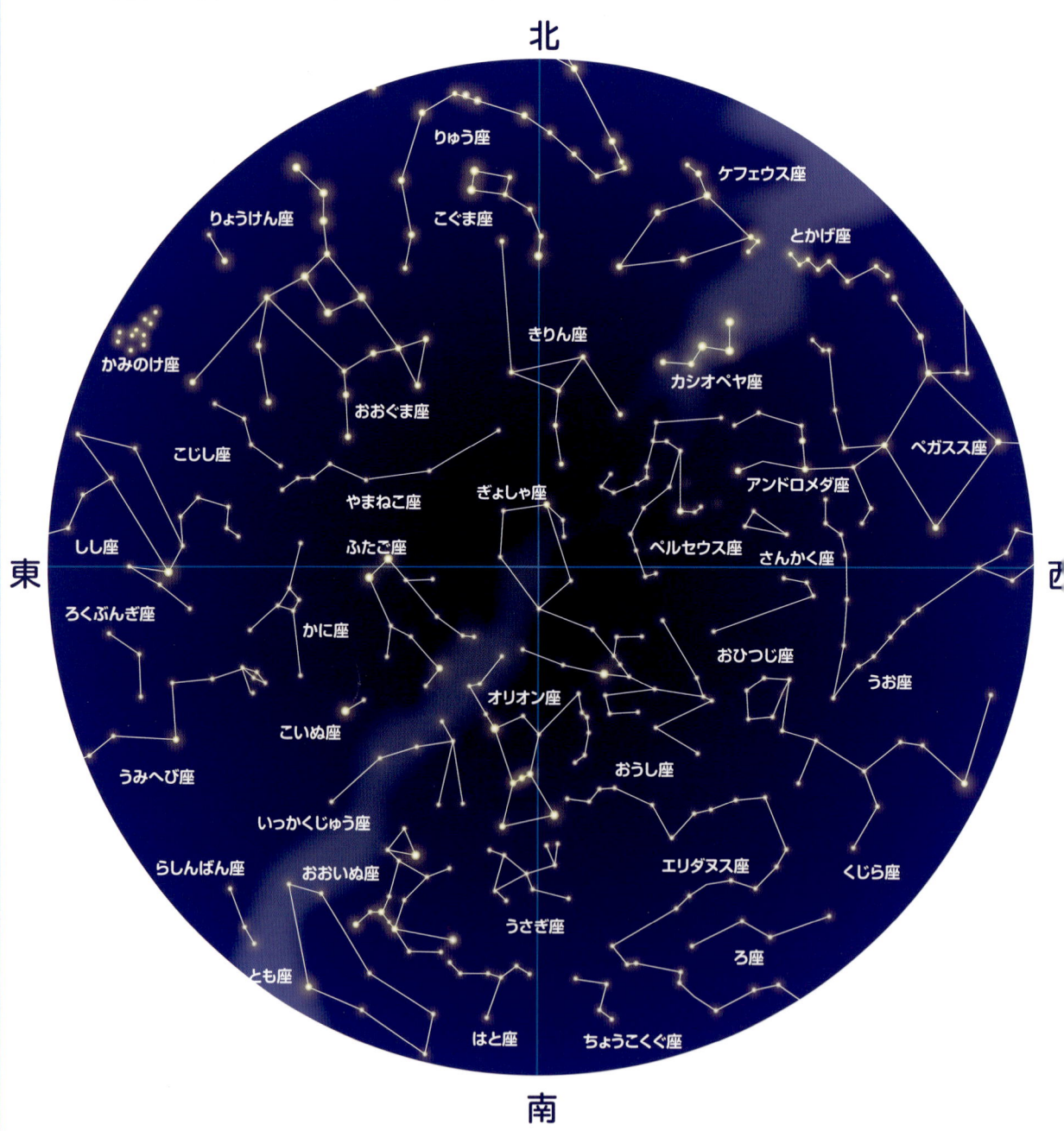

北

りゅう座
ケフェウス座
こぐま座
とかげ座
りょうけん座
りょうけん座
きりん座
カシオペヤ座
かみのけ座
ペガスス座
おおぐま座
アンドロメダ座
こじし座
ぎょしゃ座
やまねこ座
ペルセウス座
さんかく座
しし座
ふたご座
東
西
ろくぶんぎ座
かに座
おひつじ座
うお座
こいぬ座
オリオン座
うみへび座
おうし座
いっかくじゅう座
らしんばん座
おおいぬ座
エリダヌス座
くじら座
うさぎ座
ろ座
とも座
はと座
ちょうこくぐ座

南

32

冬の大三角、冬の大六角形

冬の空には目印になる星が多くあります。とくに「冬の大三角」にオリオン座のリゲル、おうし座のアルデバラン、ぎょしゃ座のカペラ、ふたご座のポルックスを加えて大きくむすんだ「冬の大六角形」が見物です。

13の
こたえ

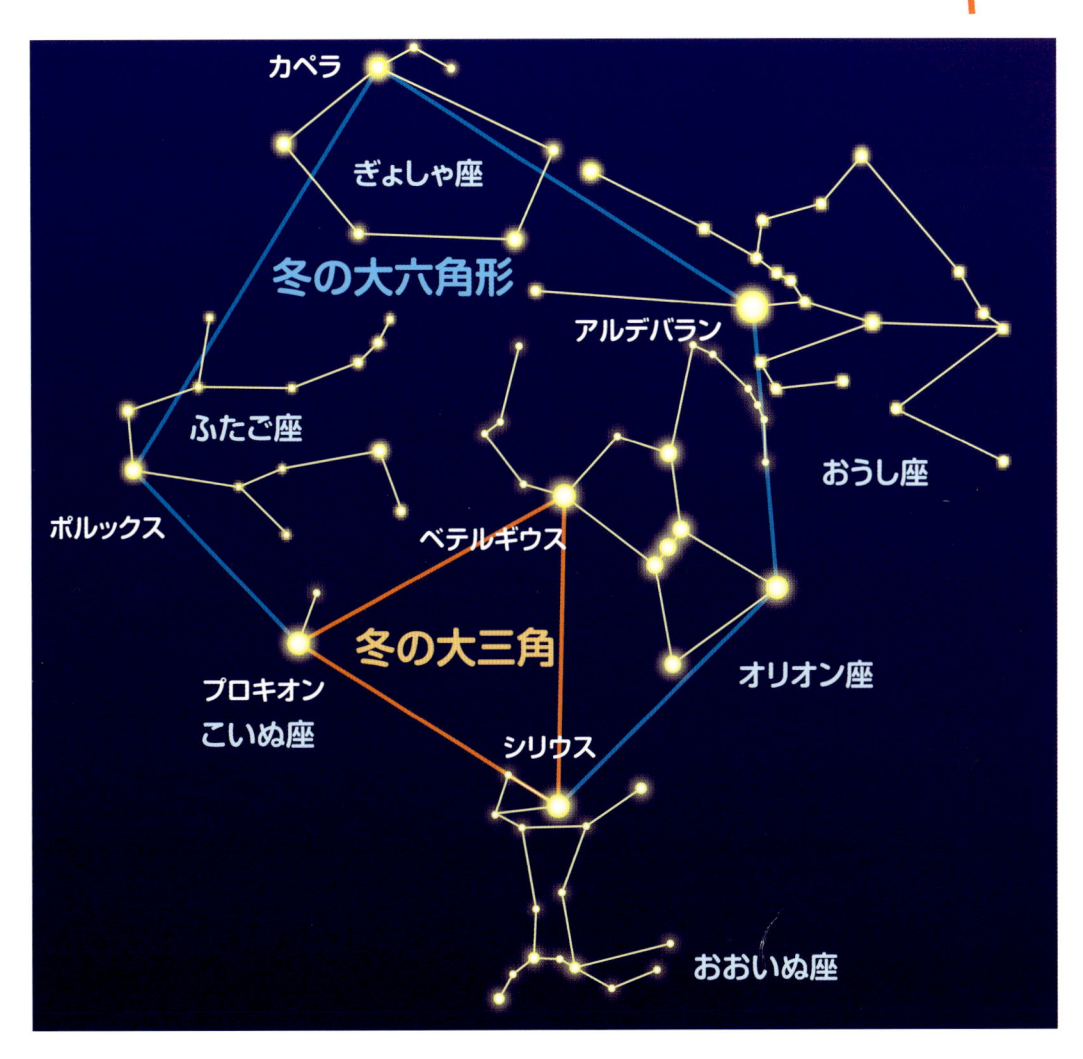

分かれた星座の名前は？

南の空には、むかし、アルゴ座という大きな船の形の星座がありました。しかし、あまりに大きいため４つの星座に分けられてしまったのです。それからできた新しい星座にも、船にかんする名前がついています。何という星座でしょう。

こたえは次のページ！

クイズ
14

南の星座

星座には、日本のなかでも沖縄や奄美大島のような南の地域でしか見られないものや、日本からはまったく見られないものがあります。南半球にいる人から見ると、北極星の反対側にある「天の南極」を中心に星がまわって見えます。

インディアン座
沖縄など南の地域で夏から冬にかけて見られる。

おおかみ座
7月ごろ地平線に近い低い位置で見られる。

がか座
画架（イーゼル）の形。冬に少し見られる。

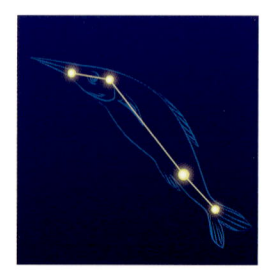

かじき座
長いので南の地域でも全ての星は見られない。

きょしちょう座
大きなくちばしをもった鳥、巨嘴鳥のすがた。

リギル　ハダル

ケンタウルス座
半人半馬の上半身だけ見える。1等星が2つある。

コンパス座
6月ごろ南の地域で半分くらい見られる。

さいだん座
祭壇の形。南の地域で夏に見られる。

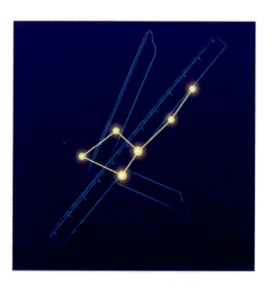

じょうぎ座
直角定規と、まっすぐな定規。天の川の中にある。

とけい座
振り子のある時計。南の地域で冬に見られる。

14のこたえ
とも座
船尾（艫）の形。アルゴ座が分かれてできた。

ほうおう座
伝説の不死鳥、鳳凰。秋から冬にかけて地平線近くに見える。

14のこたえ
ほ座
帆船の帆の形。アルゴ座が分かれてできた。

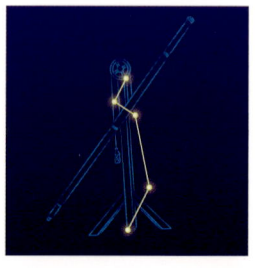

ぼうえんきょう座
望遠鏡の形。南の地域で夏に見られる。

みなみじゅうじ座
別名は南十字星。天の川
にある明るい星。

らしんばん座
船の羅針盤。ア
ルゴ座が分かれ
てできた。

**14の
こたえ**

りゅうこつ座
船体の構造である
竜骨。アルゴ座が
分かれてできた。

**14の
こたえ**

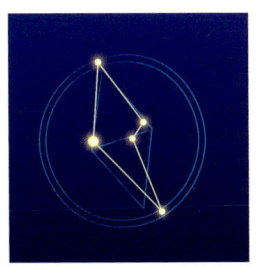

レチクル座
レクチルとは天体望遠鏡
のファインダーのこと。

日本では見られ
ない星座

こ れらの星座は、オーストラリアなど南半球にある国に行く
と、よくながめることができます。

カメレオン座
は虫類のカメレオン。5
つの4等星でできてい
る。

くじゃく座
天の南極の近くにある大
きな星座。

テーブルさん座
実在する南アフリカの山
の名前をとった星座。

とびうお座
りゅうこつ座と星座線が交
差する。めずらしい星座。

はえ座
みなみじゅうじ座のとな
りにあり、見つけやすい。

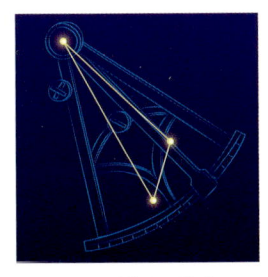

はちぶんぎ座
星の位置を測るための道
具、八分儀の形。

ふうちょう座
風鳥は極楽鳥の一種。南
半球では一年中見える。

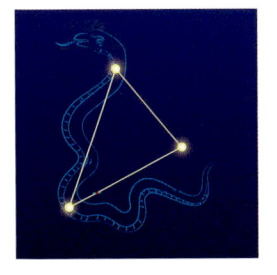

みずへび座
天の南極の近くにある星
座のひとつ。

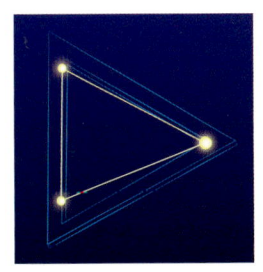

みなみのさんかく座
三角定規の形。さんかく
座よりやや大きい。

太陽系の惑星を知ろう

一番星と親しまれている金星、
地球によく似ている火星、
そんな太陽系のなかまを
見ていきましょう。
私たちの住む地球も
太陽のまわりをめぐる
惑星のひとつです。

太陽系の誕生

私たちの住んでいる地球は、太陽を中心にまわっている「太陽系」というグループの星です。その太陽のはじまりは、ガスやチリが回転している平たい円盤のようなものでした。その中心が「原始太陽系星雲」という重いかたまりになり、やがて「原始太陽」となり、成長してエネルギーを出す太陽となったのです。

太陽がつくられているときには、まわりをまわっているガスやチリも集まり、いくつもの「微惑星」ができました。そして、それがぶつかったりくっついたりして「原始惑星」になります。この原始惑星を中心に、さらにまわりの微惑星が集まり、だんだんと惑星へと成長したと考えられています。

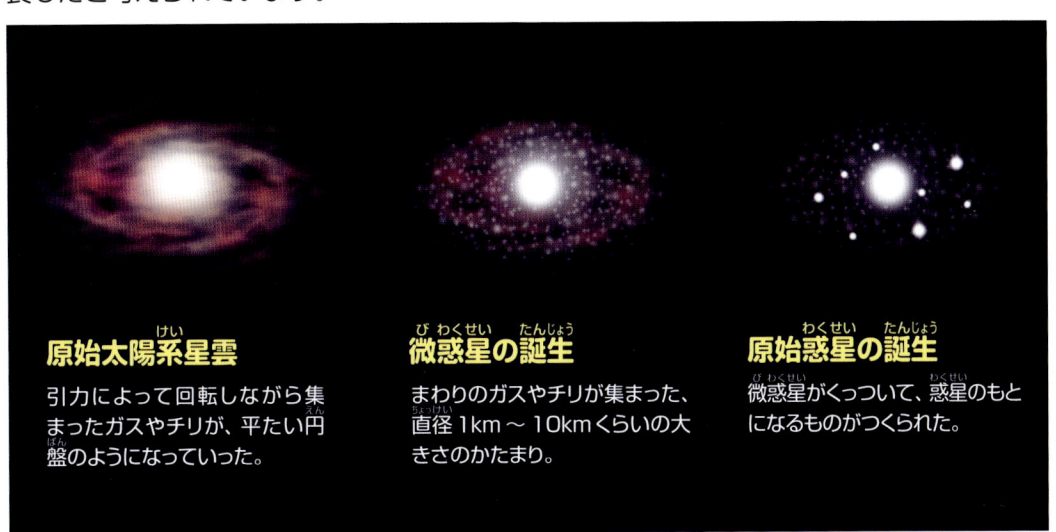

原始太陽系星雲
引力によって回転しながら集まったガスやチリが、平たい円盤のようになっていった。

微惑星の誕生
まわりのガスやチリが集まった、直径1km～10kmくらいの大きさのかたまり。

原始惑星の誕生
微惑星がくっついて、惑星のもとになるものがつくられた。

太陽のまわりには、いくつ惑星がある？

太陽系の惑星はいくつあるでしょう？
すべての名前をいえますか？

クイズ 15

こたえは次のページ！

太陽系の惑星

太陽系は、太陽とその重力によってまわりを回っている惑星などの天体からなっています。8個の惑星のほか、たくさんの太陽系小天体があります。

この図の星の大きさや距離の比率は正しくありません。

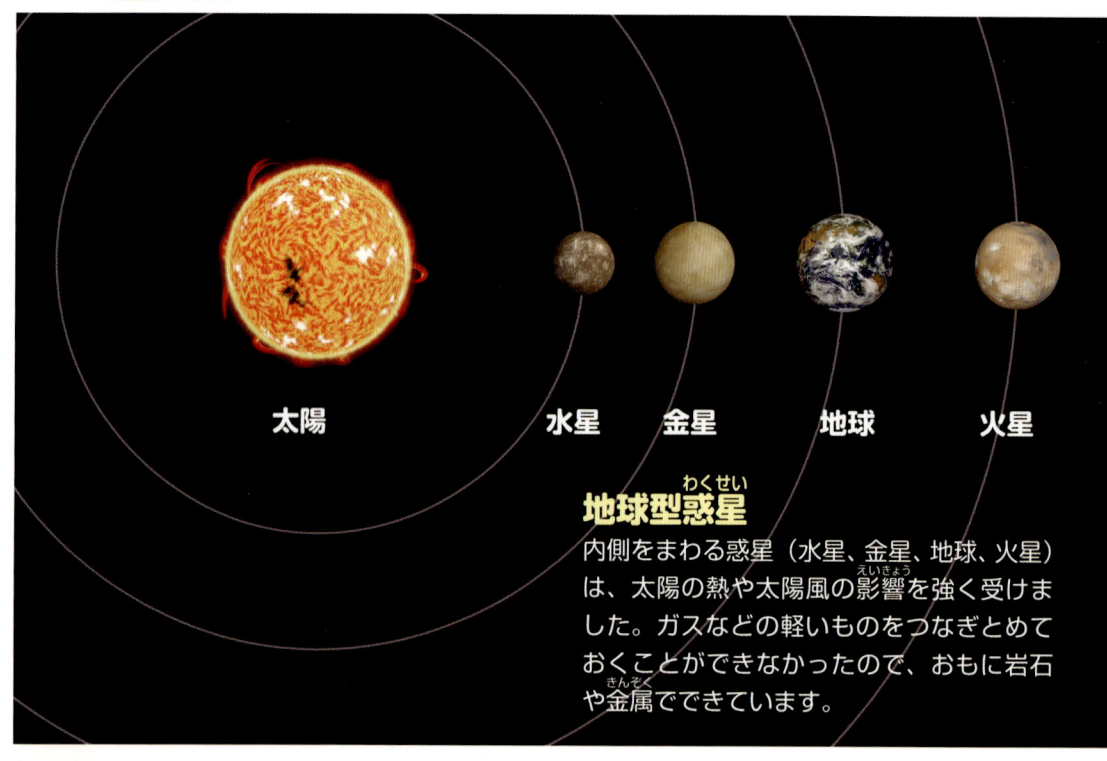

太陽　　　水星　金星　地球　　火星

地球型惑星

内側をまわる惑星（水星、金星、地球、火星）は、太陽の熱や太陽風の影響を強く受けました。ガスなどの軽いものをつなぎとめておくことができなかったので、おもに岩石や金属でできています。

惑星の大きさをくらべると……

おおよその大きさでくらべてみましょう。太陽系の惑星は、木星、土星、天王星、海王星、地球、金星、火星、水星の順番に大きいです。いちばん大きい木星の直径は、地球の 11 倍ありますが、太陽はさらに大きくて、木星の 10 倍の直径があります。

天王星　　海王星

水星
金星
地球
火星

木星　　　　土星

惑星の種類

太陽からの距離によって、熱など受ける影響が異なるので、それぞれの星の構造に違いができました。それよってタイプを分けています。また、地球より内側を回っている惑星を「内惑星」、外側を回っている惑星を「外惑星」とよびます。

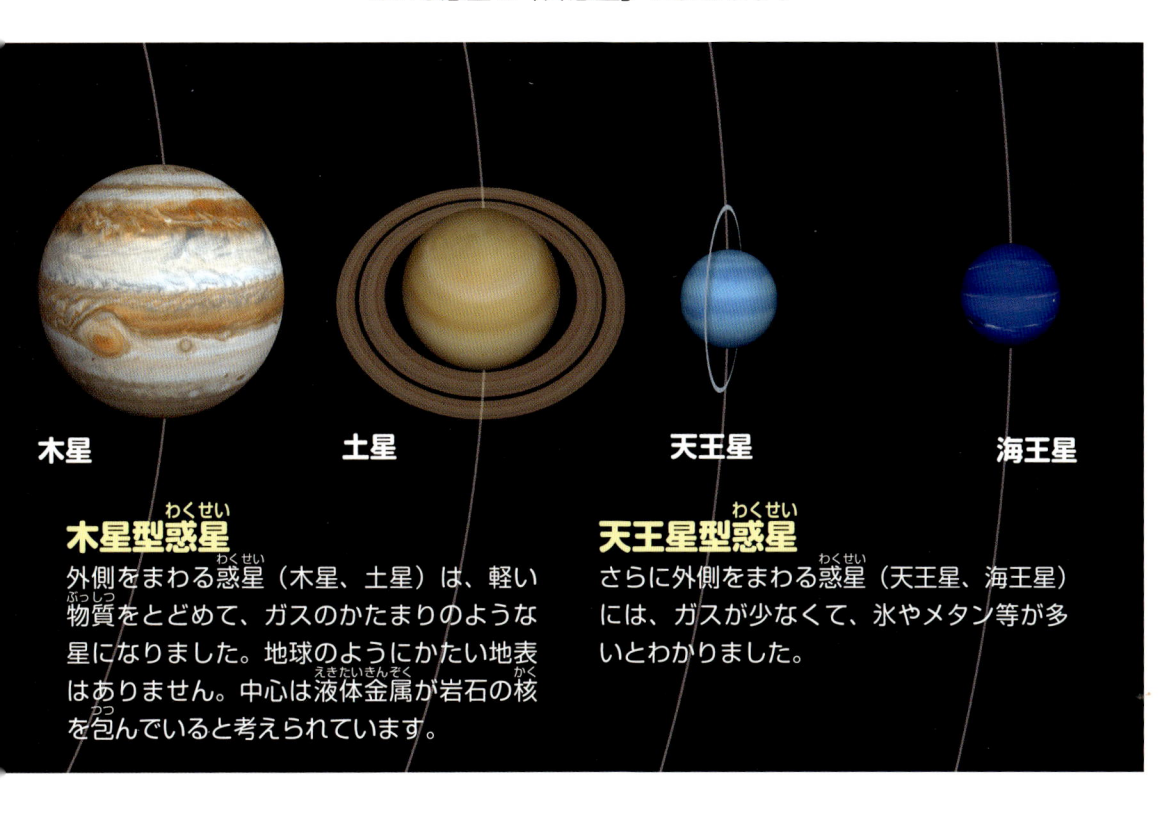

木星　　　　土星　　　　天王星　　　　海王星

木星型惑星

外側をまわる惑星（木星、土星）は、軽い物質をとどめて、ガスのかたまりのような星になりました。地球のようにかたい地表はありません。中心は液体金属が岩石の核を包んでいると考えられています。

天王星型惑星

さらに外側をまわる惑星（天王星、海王星）には、ガスが少なくて、氷やメタン等が多いとわかりました。

太陽の燃料は何？

太陽は自らが燃えて、たくさんの光を生み出しています。太陽が燃えるのは、太陽が何でできているからでしょう？

クイズ
16

こたえは次のページ！

太陽

太陽を作っているのはガスです。そのガスの中でも一番多いのが水素（すいそ）です。次がヘリウム。そのほかのガスは、ほんの少ししかありません。ものが燃（も）えるためには酸素（さんそ）が必要です。でも、宇宙（ちゅう）には空気がありません。太陽の水素（すいそ）が「核融合（かくゆうごう）反応（はんのう）」という現象（げんしょう）をおこして高い温度で燃（も）えているのです。

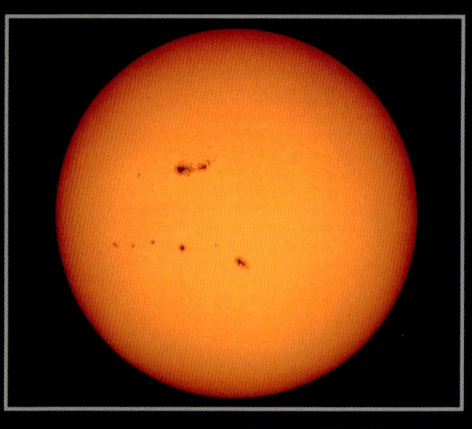

直径（ちょっけい）	
	１４０万 Km
自転周期	
	２９日

16の こたえ

コロナ
太陽の大気の外側部分。とても高温。ふだんは肉眼（にくがん）では見えない。

彩層（さいそう）
太陽の大気のうち表面に近い部分で、コロナの内側。コロナよりは温度が低い。

対流層（たいりゅうそう）
核（かく）で作られたエネルギーが対流によって放出されている。

光球（こうきゅう）
太陽の表面。

放射層（ほうしゃそう）
核（かく）で作られたエネルギーが内側から外側に放出されている。

核（かく）
核融合反応（かくゆうごうはんのう）で、水素（すいそ）からエネルギーを作り出している。

太陽黒点（こくてん）

太陽表面に見える黒っぽい点。光っていないわけではなく、他の部分よりも温度が低いだけ。

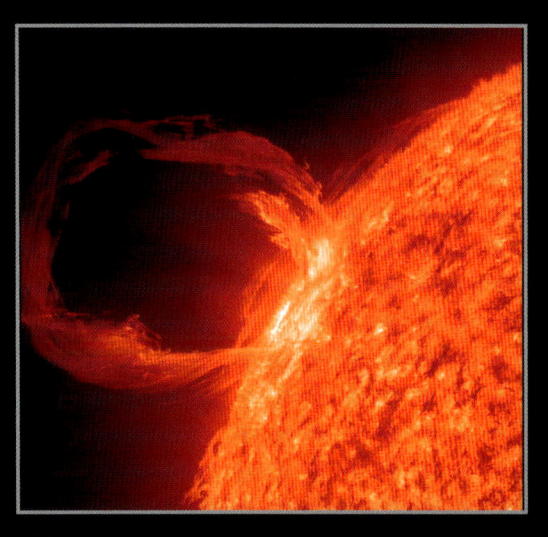

紅炎（こうえん）（プロミネンス）

太陽表面から磁力（じりょく）の影響（えいきょう）で炎（ほのお）のようにふきだしている濃いガス。

太陽の表面の温度は約 6000 度。中心はもっと熱くて、約 1500 万度もあると考えられています。太陽のまわりは、100 万度以上もあるコロナという磁気（じき）と電気をおびたガスの流れがあります。どうしてコロナが発生するかは、まだわかっていません。太陽からふきだしたコロナは、太陽風とよばれ、彗星（すいせい）の尾をつくりだしたり、遠く離（はな）れた地球でオーロラを光らせたりしています。

惑星（わくせい）の温度はどのくらい？

太陽のような恒星（こうせい）は、燃（も）えているのですごく熱い星ですが、惑星（わくせい）はその光にあたためられているだけです。
地球と同じ太陽系（けい）にある水星は、地球と同じくらいの気温の星でしょうか？

こたえは次のページ！

クイズ 17

水星

水星

水星という名前ですが水はなく、大気もほとんどありません。大気は熱を調整する力がありますので、太陽に近くて大気のない水星では、昼は 430 度以上あり、夜にはマイナス 180 度に下がります。

表面はでこぼこだらけで、見た目は月に似ていますね。

とてもゆっくり自転していて、太陽のまわりを 2 周公転するあいだ 3 回しか自転しません。

太陽からの距離
5,790万Km
直径
4875Km
公転周期
88日
自転周期
59日

**17の
こたえ**

マントル
岩石でできている。

地殻

核（コア）
内側のかなり多くの部分が、どろどろとした鉄とニッケルでできている。

金星

大きさと構造は地球に似ているけど、厚くおおわれた大気の壁が、火山と溶岩の熱と、太陽の熱を逃がさないので、表面は465度にもなります。

また、この大気の壁は光をはね返すので、金星はとても明るく、地球からもよく見えます。明け方に見える時は「明けの明星」、夕方に見える時は「宵の明星」とよびます。地球とは、ぎゃくまわりで自転しているのも特徴です。

太陽からの距離	1億820万 Km
直径	1万2,104Km
公転周期	224.7日
自転周期	243日

マントル
岩石でできている。

地殻

核（コア）
中心は、どろどろとした
鉄とニッケル。

地球

表面の地殻（ちかく）は、ひび割（わ）れた卵の殻（から）のようなプレートの集まりで、内側にはとけた熱い岩石の「マントル」が流れています。その動きで大陸や海をのせたままプレートを動かして、長い時間をかけて表面を変化させています。地震（じしん）がおこるのは、このプレートがぶつかったところがゆがんで、元にもどろうとはね返るためです。

太陽からの距離（きょり）	1億4,960万Km
直径（ちょっけい）	1万2,756Km
公転周期	365.25日
自転周期	23.93時間

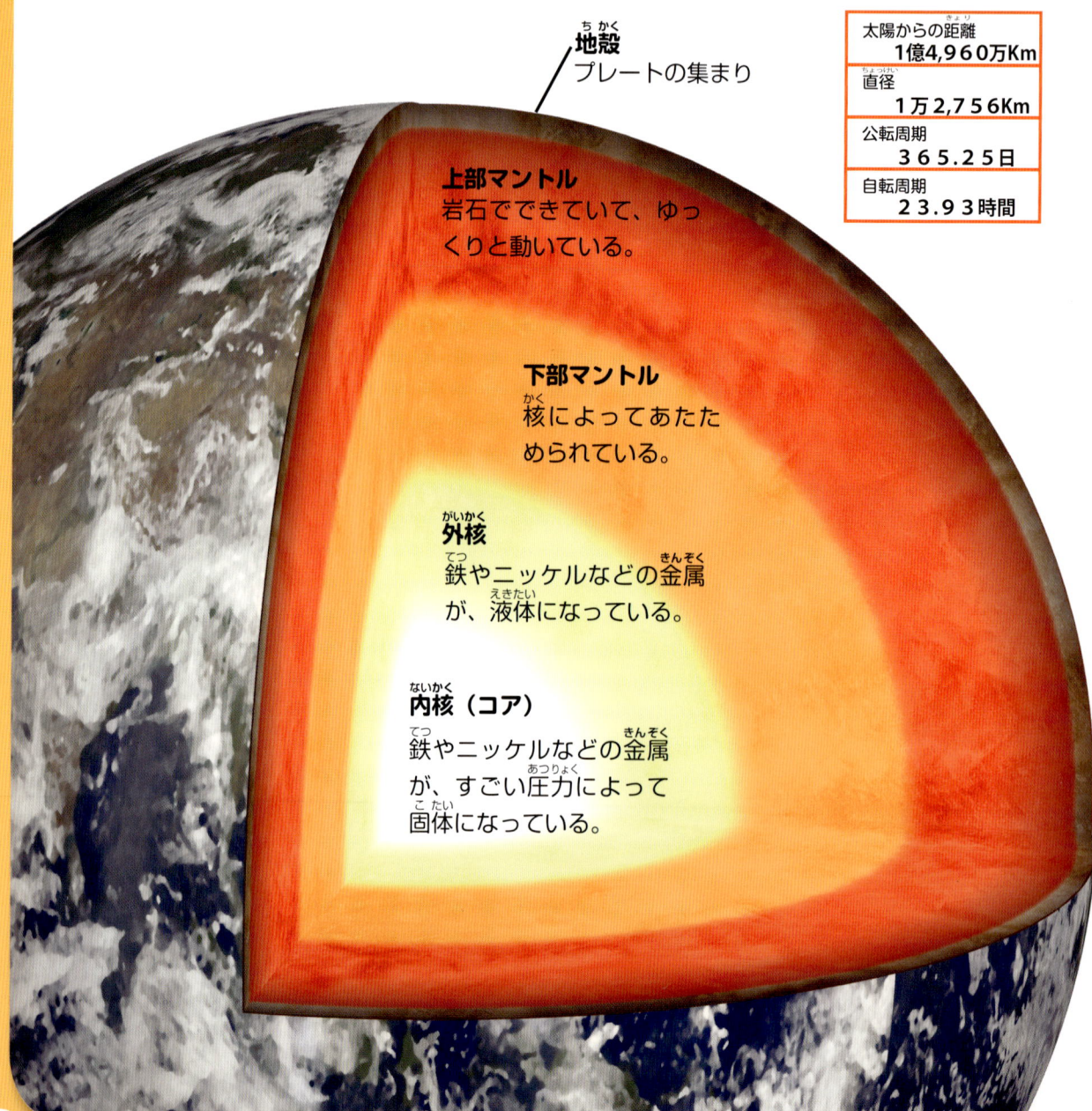

地殻（ちかく）
プレートの集まり

上部マントル
岩石でできていて、ゆっくりと動いている。

下部マントル
核（かく）によってあたためられている。

外核（がいかく）
鉄（てつ）やニッケルなどの金属（きんぞく）が、液体（えきたい）になっている。

内核（ないかく）（コア）
鉄（てつ）やニッケルなどの金属（きんぞく）が、すごい圧力（あつりょく）によって固体（こたい）になっている。

地表の山や水

プレートの動きで、地表が盛り上がって山ができたり、へこみに池ができたりします。

大気圏

大気は宇宙からくる有害な電波をさえぎり、いん石などから地球の表面を守ってくれます。

地球は大気に包まれていて、太陽系でただひとつ水がある星です。その大気と水のおかげで地球には生命が生まれたのです。もし地球が今よりもほんの少し太陽の近くを回っていたら、金星のような灼熱地獄の星になって、私たち人間も誕生しなかったかもしれません。

宇宙人がいるといわれた惑星は？

宇宙人がいるかもしれないと、かつて本気で研究をされていた惑星があります。それはいったいどの星でしょう？
地球のすぐ外側をまわっている星ですよ。

クイズ
18

こたえは次のページ！

火星

太陽系のなかで一番地球に似ているといわれ、かつては、生命体がいるのではないかと期待されていました。なぜなら、生命に大切な水がある運河のようなものが見られたからです。しかし、その後の観測で、それは運河ではなく、水がないことがわかりました。

そのうえ、寒いときは表面の温度がマイナス120度にもなるので、現在は、生命体の存在は難しいと考えられています。

太陽からの距離
2億2,790万Km
直径
6,780Km
公転周期
687日
自転周期
24.63時間

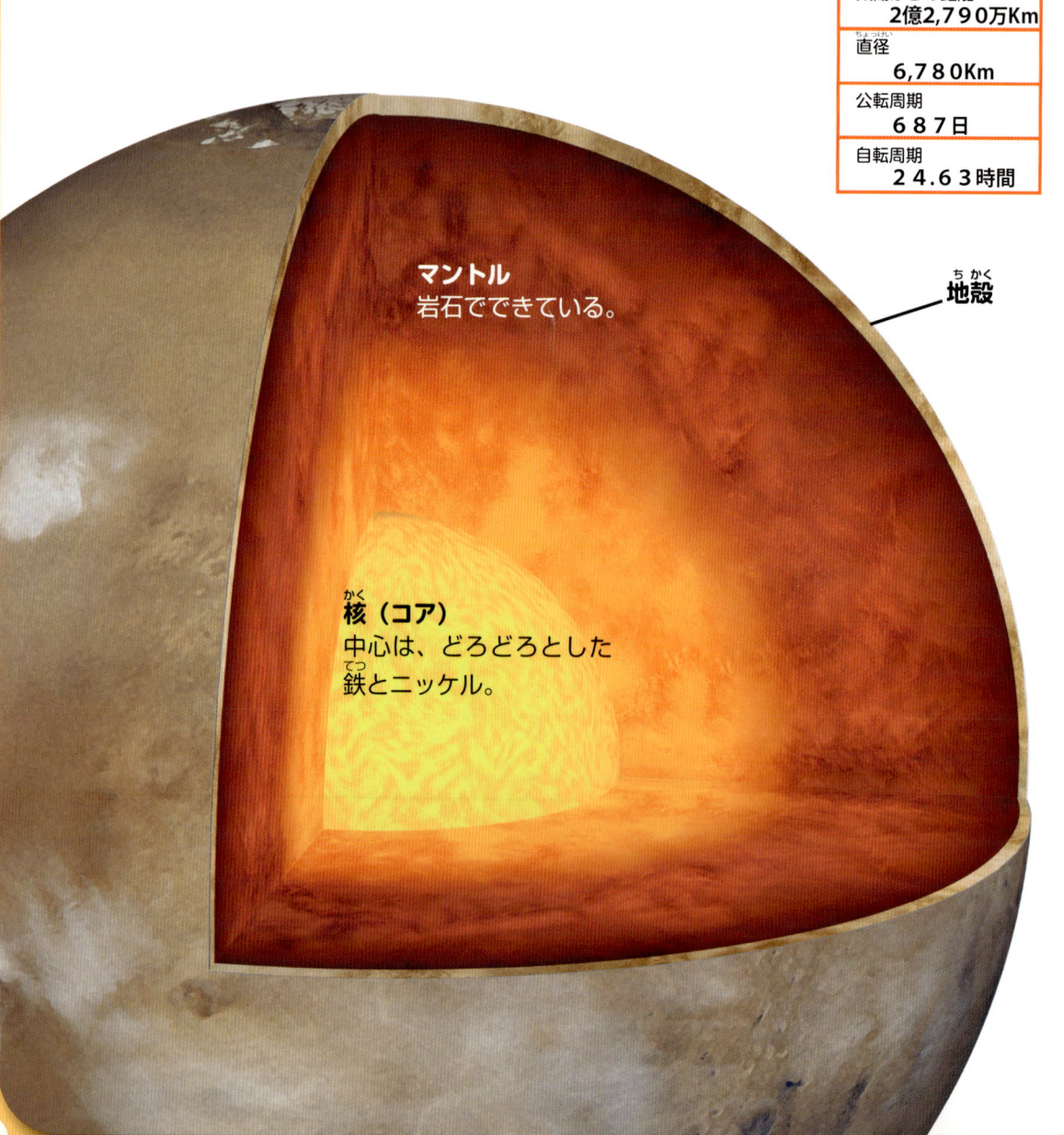

マントル
岩石でできている。

地殻

核（コア）
中心は、どろどろとした
鉄とニッケル。

木星

ほとんどはガスでできています。ガスは表面で雲になり、自転によって流れて、きれいな縞（しま）もようを作っています。赤道の少し下に見える赤い渦巻（うずま）きもよう、これは「大赤斑（だいせき・はん）」とよばれる大嵐（おおあらし）です。そこでは強い風が渦（うず）をまいています。

ガスは気体ですが、中心に近づくにつれて液体状（えき・たいじょう）になり、中心部ではその液体（えきたい）が圧縮（あっしゅく）されてまるで金属（きんぞく）のようになっています。つまり、木星には地球のような地面はないのです。

太陽からの距離（きょり）	**7億7,830万Km**
直径（ちょっけい）	**14万2,984Km**
公転周期	**11.86日**
自転周期	**9.93時間**

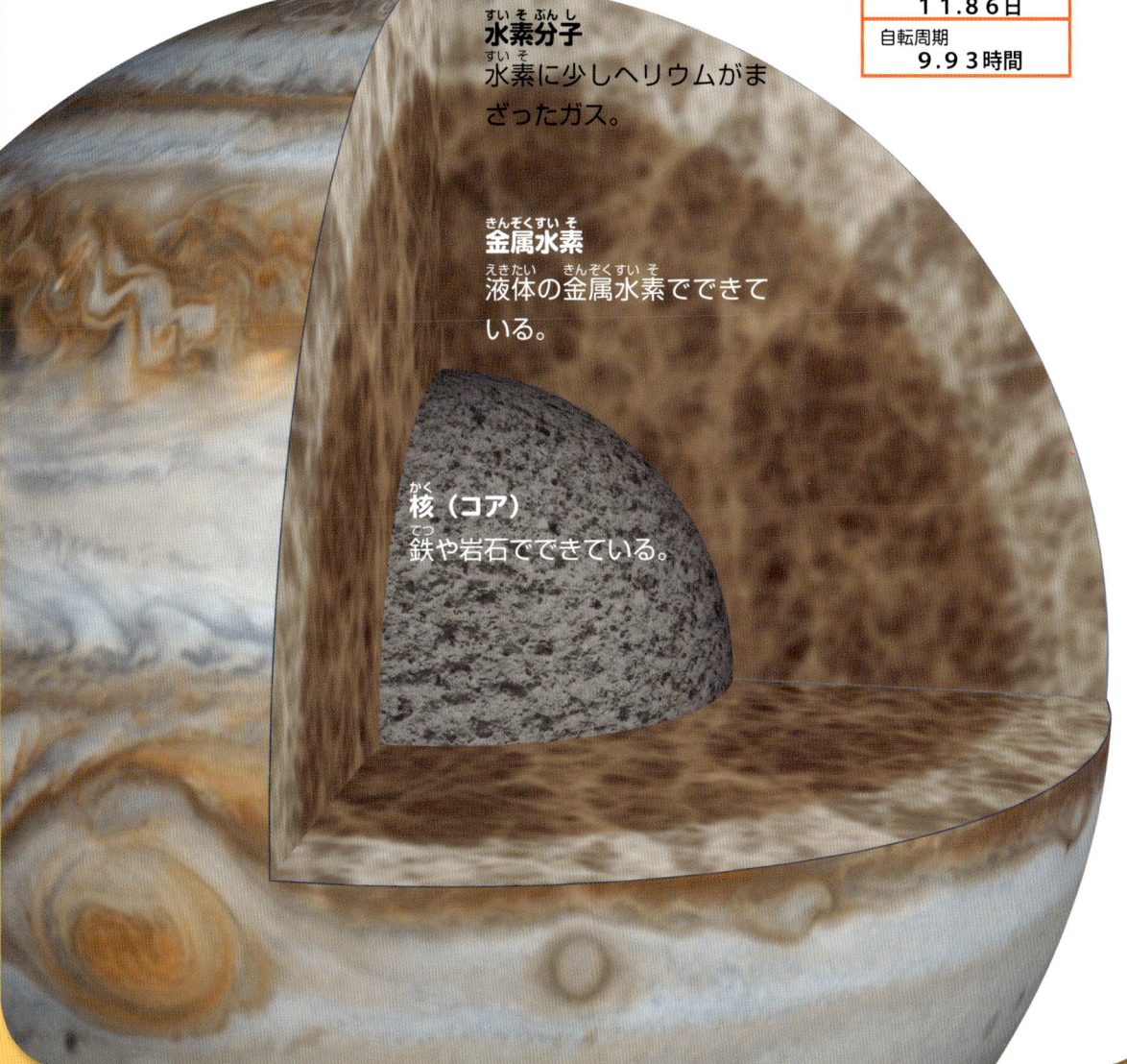

水素分子（すいそぶんし）
水素（すいそ）に少しヘリウムがまざったガス。

金属水素（きんぞくすいそ）
液体（えきたい）の金属水素（きんぞくすいそ）でできている。

核（コア）（かく）
鉄（てつ）や岩石でできている。

土星

細い輪が何千本も集まっているりっぱな輪は、何十億個もの大小さまざまな氷が土星のまわりを回ってできたものです。

土星もガスでできていています。水よりも軽くてスカスカなものが回っているので、少しつぶれた球体になっています。

たくさんの衛星をもつ星です。

太陽からの距離
14億3,000万Km
直径
12万0,536Km
公転周期
29.46日
自転周期
10.23時間

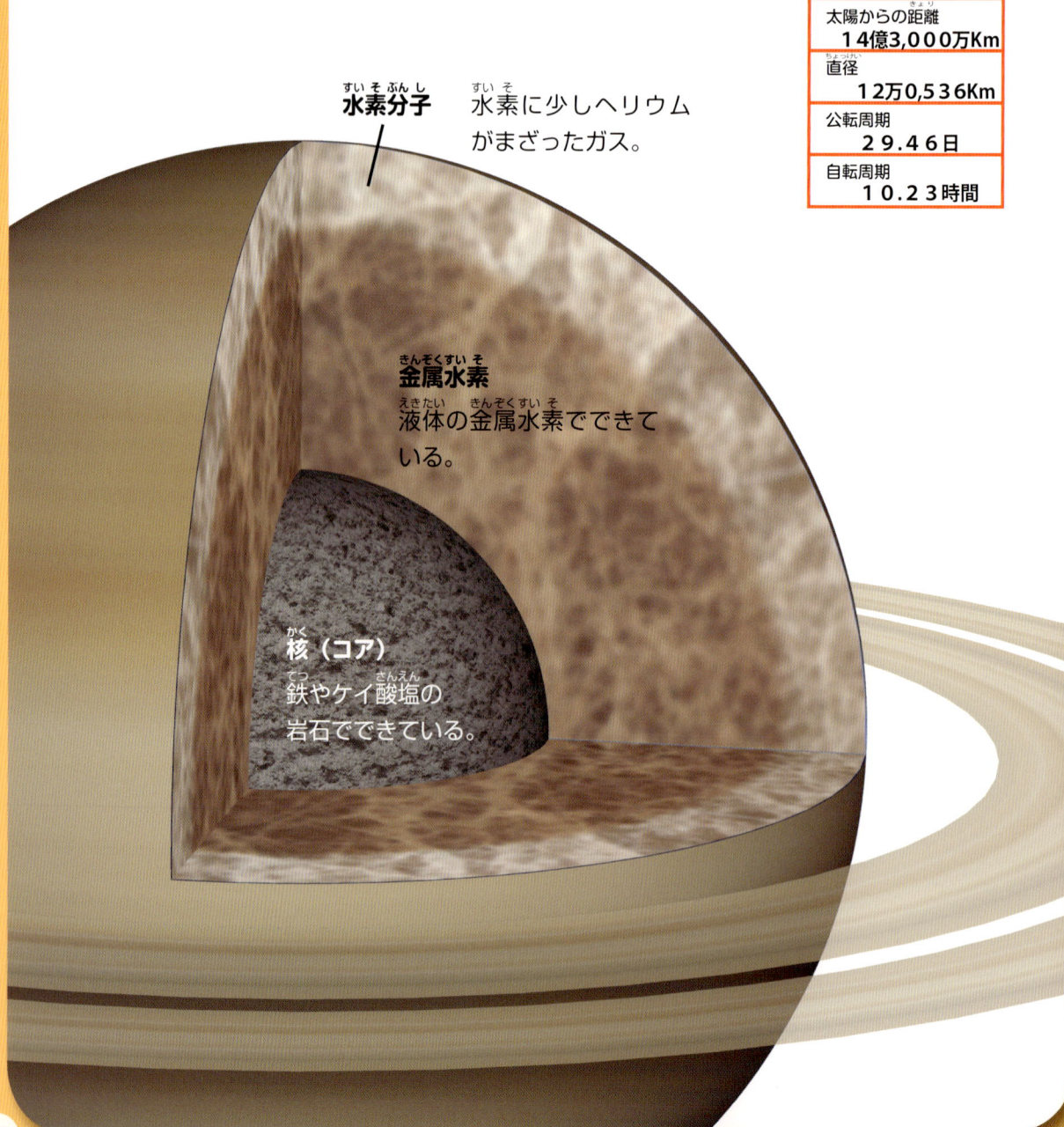

水素分子　水素に少しヘリウムがまざったガス。

金属水素
液体の金属水素でできている。

核（コア）
鉄やケイ酸塩の岩石でできている。

天王星

自転の軸が太陽に対して98度かたむいているので、ほとんど横だおしになった状態で回っています。そのため天王星の極地では、太陽の回りを一周するうち半分の約42年間ずっと明るく、残りの42年間はずっと暗いままです。

天王星の輪は、土星とは向きがちがっています。輪があることがわかっていますが、とても細いので地球から観測することは難しいです。右の写真は、高性能の望遠鏡をつかって撮影したものです。

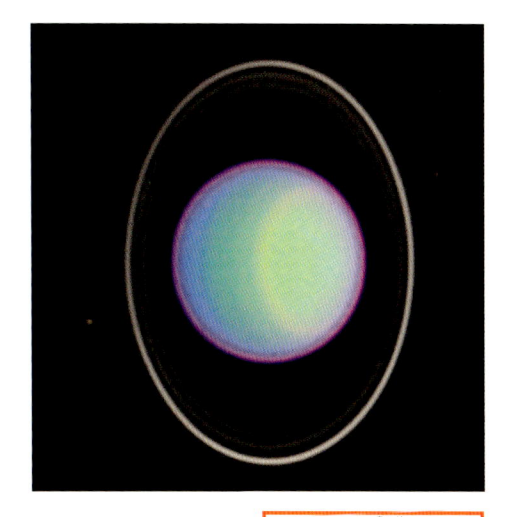

太陽からの距離
28億750万Km
直径
5万1,118Km
公転周期
84年
自転周期
17.24時間

水素分子
水素に少しヘリウムとメタンがまざったガス。

マントル
水、アンモニア、メタンのまじった氷。

核（コア）
岩石と氷でできている。

海王星

青く美しい海王星。天王星や海王星が青く見えるのは、ガスの中にふくまれたメタンが、赤い色の光を吸い込んでしまうからです。天王星よりもメタンの割合が多いので、より青く見えます。表面はいつも強い風がふいていて雲がすごい早さで動いています。木星の大赤斑のような雲の模様も見られます。

太陽からの距離	４５億 Km
直径	４万9,5３２Km
公転周期	１６4.9年
自転周期	１6.11時間

水素分子
水素に少しヘリウムとメタンがまざったガス。

マントル
水、アンモニア、メタンのまじった氷。

核（コア）
岩石と氷でできている。

冥王星

以前は惑星のなかまでしたが、観測技術がすすむにつれ、それまで考えられていたよりも小さいことがわかり、また、似たような星がたくさん発見されたので、冥王星が惑星だということに疑問をもたれるようになってしまいました。

そして、とうとう2006年、国際天文学連合総会で惑星と認められる基準が正式に決められ、冥王星は惑星ではなくなってしまい、準惑星とよばれることになったのです。

地球からとても遠くて、大気に包まれた冥王星は、今までは高性能の望遠鏡でも光の点にしか見えませんでした。これは、2015年7月14日、NASAの探査機ニューホライズンが約9年半かけて冥王星に近づき、撮影した写真です。

準惑星・小惑星

惑星とは

2006年に決められた太陽系の惑星の定義とは、このようなものです。

1）太陽の回りを公転している天体。
2）自分の重力によって球体になっている天体。
3）軌道近辺に他の天体がない。

準惑星とは

惑星の定義のうち、1と2は同じですが、3つめは、その軌道近くから他の天体が排除されていなくて、衛星でもない天体です。

小惑星とは

太陽のまわりを公転している天体のうち、惑星でも、準惑星でも、衛星でもない天体。したがって小惑星はさまざまな形をしています。

準惑星　ケレス
火星と木星の間の小惑星帯にある。

小惑星　エロス
地球に接近する軌道を持つ小惑星。

太陽や月を観察しよう

かんさつ

太陽や月を見たことがない人は
たぶんいないでしょう。
他のどんな星よりも
大きくて明るく、
私たちの住む
地球にとって
かかせない星。
そんな太陽と月を
見てみましょう。

月の誕生

地球の衛星、月がどうしてできたのか、はっきりとしたことはまだ分かっていなく、いろいろな考えがあります。この4つのなかで、もっとも新しくて、もっとも有力なのはジャイアント・インパクト説ともいわれる、衝突説です。

兄弟説
地球ができるとき、たまたま近くで同じようにできた。

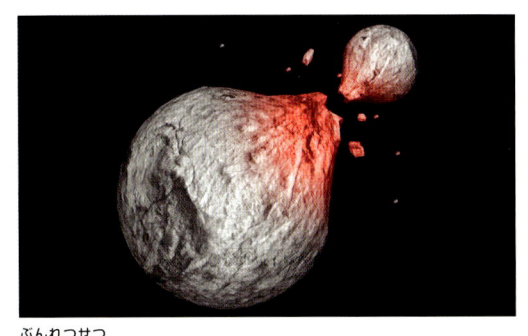

分裂説
地球ができるときに、遠心力で一部がちぎれた。

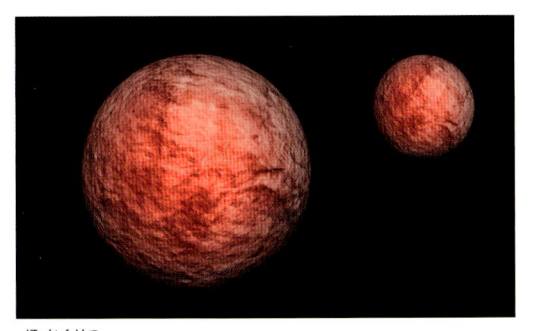

捕獲説
近くを通った星が、地球の重力で引きよせられた。

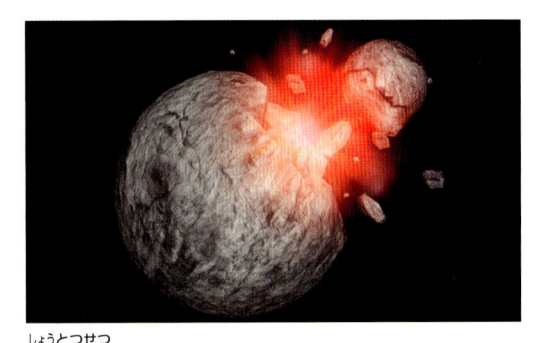

衝突説
地球に小さな天体が衝突して、その破片が集まった。

月に人間は住めるの？

こたえは次のページ！

日本では、月でウサギがもちつきをしていると言われているけれど、南部アメリカのようにワニがいると言われているところもあるし、ヨーロッパではカニがいると言われているそうです。でも、本当に月には生き物はいるのでしょうか？

クイズ
19

月

人間が地球以外で歩いたことがある
ただひとつの星、月は、地球の
衛星です。直径が地球の4分の1以上あり
ますが、惑星に対してこんなに大きな衛星
は、太陽系ではほかにありません。
地球のまわりを楕円形の軌道を通って回っ
ているため、近いときは約350万キロメー
トル、遠いときは約400万キロメートル
と、地球からの距離が変わります。それに
よって、見える大きさも少し変わります。

直径
3,476Km
公転周期
27.32日
自転周期
27.32日

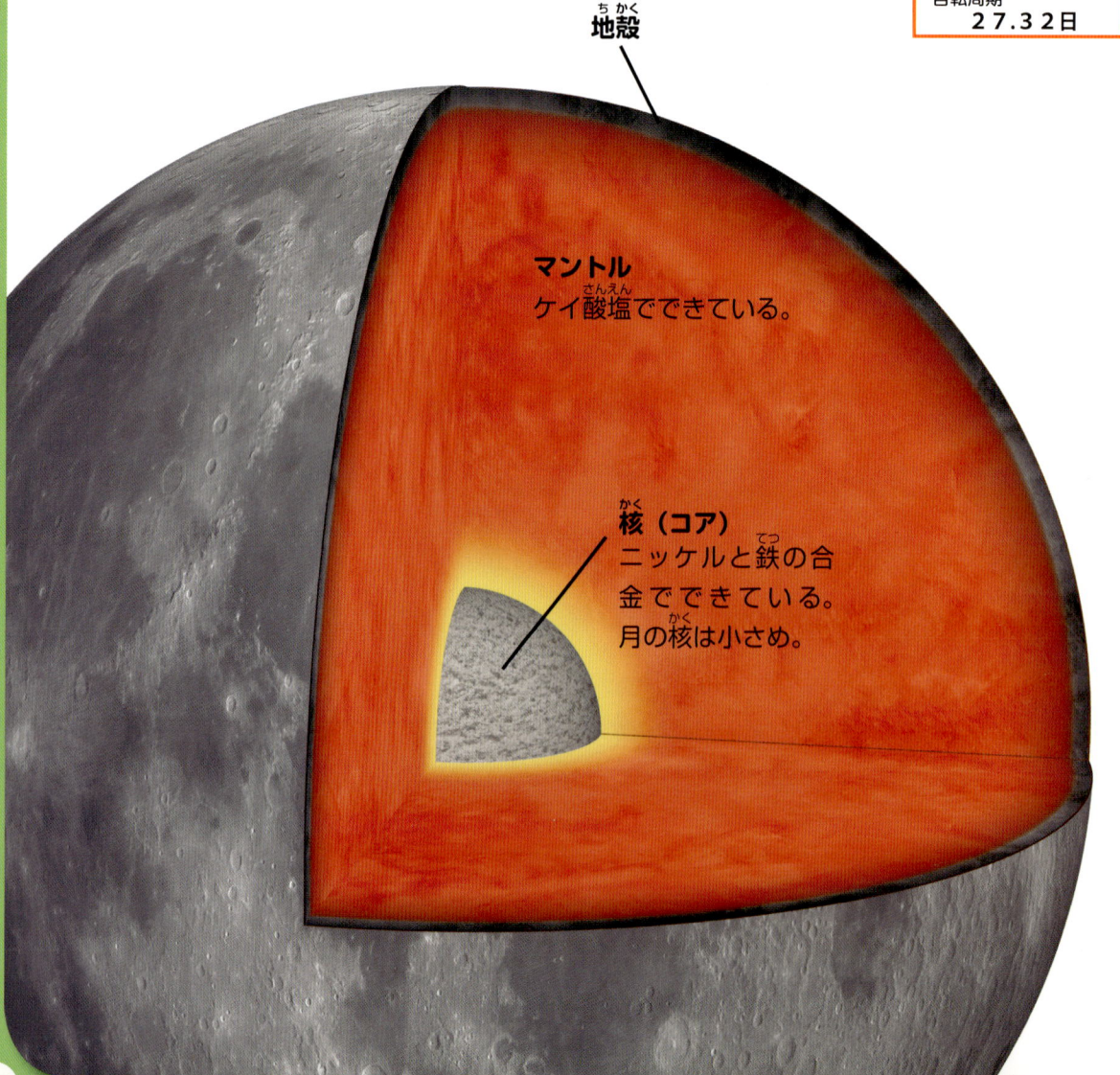

地殻

マントル
ケイ酸塩でできている。

核（コア）
ニッケルと鉄の合
金でできている。
月の核は小さめ。

月のクレーター

クレーターは月に大きないん石が衝突してできたへこみです。大きさはさまざまで、直径200kmをこえる大きなものもあります。

月の裏側

月はいつも同じ面を地球にむけてまわっています。そのため、裏側を見るためには宇宙に行かなければなりません。

月の表面にはクレーター、山脈、谷のほかに、海とよばれる黒っぽい部分があります。海といっても水はありません。

月には重力が地球の6分の1しかないので、気体を引きつけることができず、大気もほとんどありません。太陽の熱がじかに当たりますし、ぎゃくに熱をとどめておくこともできないので、昼夜の温度差がはげしく、最高は110度、最低はマイナス170度にもなります。水も大気もなければ、生き物がくらすのはとても難しいですね。

**19の
こたえ**

どうして1か月って言葉には月がつくの？

カレンダーを見ると、1月、2月などと月という言葉を使っています。数えるときも、1か月、2か月と、月という言葉をつかいますね。いったいどうしてでしょう？

**クイズ
20**

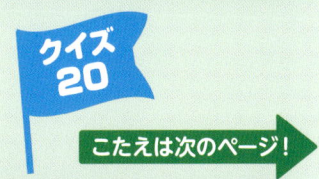

こたえは次のページ！

月の満ち欠け

かつて日本では月がすっかり隠れる新月から次の新月までをもとに暦（カレンダー）を作っていました。1か月という言葉に月がつかわれているのはそのためです。「月齢」とは新月を0として、そこから何日たったかをしめすものです。おおよその目安で、かならず一致するわけではありません。

月齢	0	1
月の名前	新月	
旧暦の名前	一日月	二日月
和名	朔	
月の形		

2	3	4	5	6	7	8
三日月				半月		
三日月	四日月	五日月	六日月	七日月	八日月	九日月
三日月				上弦		

9	10	11	12	13	14	15
			十三夜		満月	十六夜
十日夜	十一日月	十二日月	十三日月	十四夜	十五夜	十六夜
			十三夜月	小望月	望月	十六夜

16	17	18	19	20	21	22
					半月	
十七夜	十八夜	十九夜	二十夜	二十一夜	二十二夜	二十三夜
立待月	居待月	臥待月	更待月		下弦	二十三夜月

23	24	25	26	27	28	29
		二十六夜				三十日月
二十四夜	二十五夜	二十六夜	二十七夜	二十八夜	二十九夜	三十日月
		下弦の三日月				晦

満ち欠けがおこる仕組み

では、どうして月の形が変わるのでしょう。もちろん月はいつも丸いままです。でも、月が明るいのは太陽の光を反射しているからで、太陽の光が当たっていない部分は暗くかけたように見えます。月は地球のまわりを回っているので、太陽との位置関係が変化すると、明るい部分の形が変わるのです。

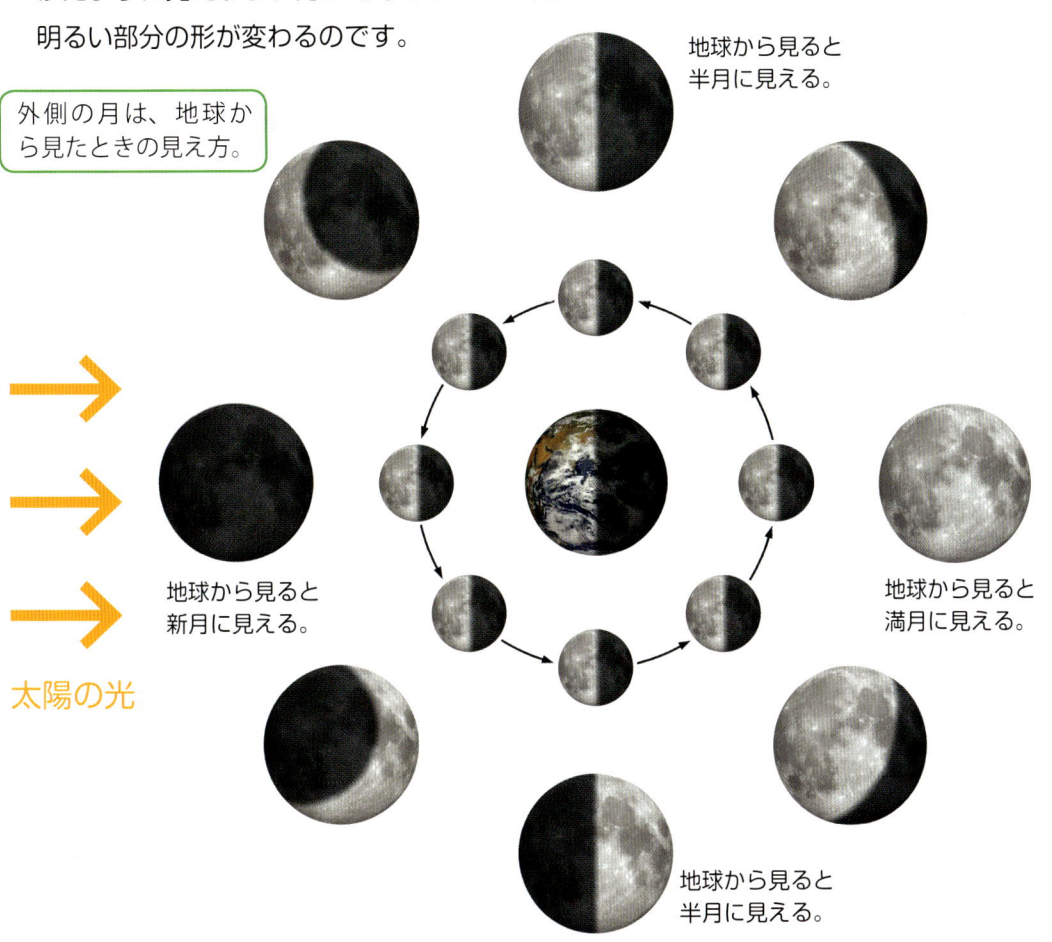

地球から見ると
半月に見える。

外側の月は、地球から見たときの見え方。

地球から見ると
新月に見える。

太陽の光

地球から見ると
満月に見える。

地球から見ると
半月に見える。

この月はどんな月？

クイズ
21

右の月はちょっと不思議な欠け方をしていますね。よく似ていますが、ふだんは見られない形ですよ。これはどんなときに見られる月でしょう？

▶ こたえは次のページ！

月食のしくみ

21の
こたえ

地球の影(かげ)の中を月が通ることで、月が暗くなったり、欠けたように見えるのが「月食」です。月はいつも満ち欠けをしているので、同じように思えますが、通常(つうじょう)とはちがう形に欠けて、短い時間のなかで変化をするところが違(ちが)います。

月食は、太陽と地球と月が一直線にならぶ、満月のときに起こります。ただし、満月のたびに月食がおこるわけではありません。太陽の通り道と月の通り道の角度がちがうので、ふだんの満月は、地球の影(かげ)をそれたところを通るからです。

太陽　　　　　　**地球**　　　**月**

部分月食　月の一部が地球の影(かげ)にかくれる。

皆既月食(かいき)　月がすべて地球の影(かげ)にかくれる。真っ黒ではなく、赤黒い色になる。

日食のしくみ

太陽と地球の間に月が入り一直線にならぶと、太陽の光がかくれれて「日食」が起こります。月食とはぎゃくに新月の時にしか起こりません。大きいけれど遠くにある太陽と、小さいけれど近くにある月が、地球から見るとほとんど同じ大きさに見えるために起こる現象です。皆既日食では太陽がほとんどかくれて、金環日食のときには、まわりの部分が少し残ります。これは、月の軌道が楕円形で、地球と月の距離が変わるため、月の見かけの大きさも変わるからです。

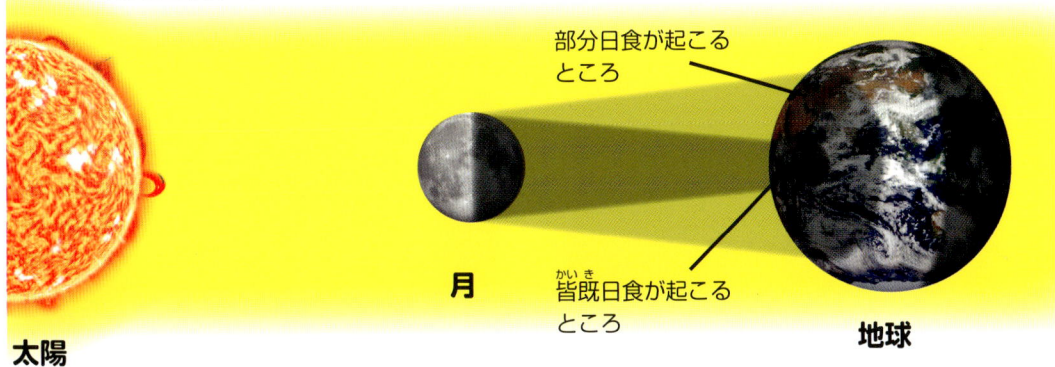

部分日食が起こるところ

月　　皆既日食が起こるところ

太陽　　　　　　　　　　　　　　　　地球

部分日食　太陽の一部が月にかくれる。

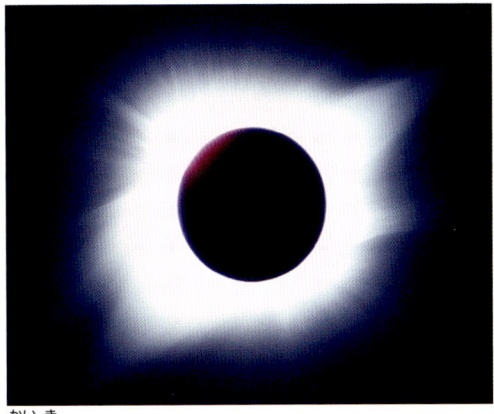

皆既日食　ふだんは見ることができないコロナが、太陽のまわりに白く見える。

金環日食　月が小さく見える時期に日食が起こると、太陽の輪ができる。

ダイヤモンドリング　皆既月食の終わりに、太陽の光がもれて、ダイヤモンドのように光る。

さくいん

	クエーサー	9
く	くじゃく座	35
	くじら座	26,28
	クレーター	55
け	月食	58
	ケフェウス座	26,28
	ケレス（セレス）	51
	原始星ガス円盤	10
	原始太陽	37
	原始太陽系星雲	37
	原始惑星	37
	ケンタウルス座	34
	ケンタウルス座 α	8,9
	けんびきょう座	26,28
	こいぬ座	30,32,33
こ	紅炎（プロミネンス）	41
	光球	40
	恒星	6
	公転	15
	黄道	17
	黄道十二星座	17
	光年	9
	こうま座	26,28
	こぎつね座	22,24
	黒色わい星	10
	こぐま座	18,20
	こじし座	18,20
	コップ座	19,20
	こと座	22,24,25
	コロナ	40,41,59
	コンパス座	34
	彩層	40
さ	さいだん座	34
	さそり座	17,22,24
	さんかく座	26,28
し	シェアト	27,29
	しし座	17,19,20,21

	実視等級	8
	自転	12
	ジャイアント・インパクト	53
	主系列星	10
	準惑星	51
	じょうぎ座	34
	上部マントル	44
	小惑星	51
	シリウス	8,9,29,30,33
す	彗星	7
	水星	38,42
	水素	40,47,48,49
	水素分子	47,48,49,50
	スピカ	8,18,21
せ	星雲	6
	星座	16
	星団	6
	赤色巨星	10,11
	絶対等級	8
た	ダークマター（暗黒物質）	7
	大気圏	45
	大赤斑	47
	ダイヤモンドリング	59
	太陽	7,8,37,39,40,41
	太陽系	37,38
	太陽黒点	41
	太陽風	41
	対流層	40
	たて座	22,24
ち	地殻	42,43,44,46,54
	地球	38,44,45
	地球型惑星	38
	地軸	14
	中性子星	11
	ちょうこくぐ座	31,32
	ちょうこくしつ座	27,28
	超新星爆発	11

さくいん

北斗七星	18,19,21
ほ座	34
北極星	9
ポルックス	31,33
ポンプ座	19,20
マルカブ	27,29
マントル	42,43,49,50
みずがめ座	17,27,28
みずへび座	35
みなみじゅうじ座	35
みなみのうお座	27,28
みなみのかんむり座	23,24
みなみのさんかく座	35
南の星座	34
ミラ	26
冥王星	51
メタン	49,50
木星	38,39
木星型惑星	39
やぎ座	17,27,28
や座	23,24
やまねこ座	31,32
らしんばん座	35
リギル	34
リゲル	8,30
りゅうこつ座	35
りゅう座	23,24
流星	7
流星群	7
りょうけん座	19,20
レグルス	19
レチクル座	35
ろくぶんぎ座	19,20
ろ座	31,32
惑星	6,51
惑星状星雲	10
わし座	23,24,25

● 監修　写真　**藤井旭**（ふじい　あきら）

山口県出身。多摩美術大学卒業。1969年仲間とともに白河天体観測所を建設。1995年オーストラリアにチロ天文台南天ステーションを建設。天体写真家として活躍し、『月をみよう』『星の一生』『太陽のふしぎ』（ともに、あかね書房）『こども星座図鑑』（星の手帖社）など天文に関する著書も多数ある。

● イラスト　**西山アユミ**（にしやま　あゆみ）

東京造形大学卒業。イラストプロダクション、デザイン事務所勤務を経て独立、スタジオ・トータスを設立。2012年インターナショナル・イラストレーション・コンペティションにて最優秀賞を受賞。NHK趣味の園芸ビギナーズのキャラクター・コケぱぱ、コケちびのデザインなど、イラスト、立体、デザインを幅広く制作。

●**写真提供**

NASA
JPL

●**主要参考文献**

『星空図鑑』『宇宙図鑑』（藤井旭 著・ポプラ社）
『星空の図鑑』（Will Gater , Giles Sparrow 著 / 藤井旭監修・誠文堂新光社）
『惑星を見よう』（藤井旭 著・あかね書房）
『宇宙ウォッチング―四季の星座と宇宙の不思議』（藤井旭 著・平凡社）
宇宙航空研究開発機構（http://www.jaxa.jp）
自然科学研究機構　国立天文台（http://www.nao.ac.jp）

ブックデザイン：アンシークデザイン

星と宇宙・クイズ図鑑

2015年8月25日　初版発行

監修・写真　藤井旭
絵　　　　　西山アユミ
発行者　　　岡本光晴
発行所　　　株式会社 あかね書房
　　　　　　〒101-0065　東京都千代田区西神田 3-2-1
　　　　　　電話　03-3263-0641（営業）　03-3263-0644（編集）
　　　　　　http://www.akaneshobo.co.jp
印刷所　　　株式会社　精興社
製本所　　　株式会社　難波製本

ISBN978-4-251-09763-7 C8644
NDC440　64ページ　26cm
©Akira Fujii Ayumi Nshiyama 2015 Printed in Japan
落丁本・乱丁本はお取りかえいたします。
定価はカバーに表示してあります。